Report on China Urban Underground Pipeline Development(2022)
—Utility Tunnel

2022 年中国城市地下管线发展报告

——综合管廊

崔海龙
中冶京诚工程技术有限公司 主　编

中国测绘学会地下管线专业委员会 组织编写

U0249438

中国建筑工业出版社

图书在版编目（CIP）数据

2022 年中国城市地下管线发展报告.综合管廊 =
Report on China Urban Underground Pipeline
Development (2022) —Utility Tunnel / 崔海龙，中冶
京诚工程技术有限公司主编；中国测绘学会地下管线专
业委员会组织编写. -- 北京：中国建筑工业出版社，
2023.10
ISBN 978-7-112-29057-4

Ⅰ. ①2… Ⅱ. ①崔… ②中… ③中… Ⅲ. ①市政工
程—地下管道—管道工程—研究报告—中国—2013-2022
Ⅳ. ①TU990.3

中国国家版本馆 CIP 数据核字 (2023) 第 155654 号

作为新型城市基础设施，城市地下综合管廊有利于提升城市韧性、提高城镇化发展质量。本书为管廊发展报告，分为现状和趋势、技术和装备、实践和应用以及学习和借鉴共4篇，对管廊近10年来的发展状况进行了综合阐述。

本书可作为相关从业人员了解管廊行业的参考书。

责任编辑：高　悦
责任校对：张　颖
校对整理：赵　菲

Report on China Urban Underground Pipeline Development(2022)—Utility Tunnel
2022年中国城市地下管线发展报告——综合管廊
崔海龙　主　编
中冶京诚工程技术有限公司
中国测绘学会地下管线专业委员会　组织编写
*
中国建筑工业出版社出版、发行（北京海淀三里河路9号）
各地新华书店、建筑书店经销
北京光大印艺文化发展有限公司制版
临西县阅读时光印刷有限公司印刷
*
开本：787毫米×1092毫米　1/16　印张：16　字数：291千字
2023年10月第一版　　2023年10月第一次印刷
定价：188.00元
ISBN 978-7-112-29057-4
（41788）

本书编委会

主 任 委 员　金德伟　岳文彦　韩　冰　余世功　刘安义　张传波

副主任委员　李建军　唐世敏　刘会忠　许　晋

主 　 　 编　崔海龙

执行副主编　庄　璐　李　蕾

副 　 主 　 编　张玉民　邓成云　黄　伟　吕正东　胡德帅　任亚强　尹力文
　　　　　　　张金文　张　丹　赵　安　叶　果　马玉敏　李文交　李　怀
　　　　　　　张立华　王莎莎　姜素云　阚良刚

编 　 　 委　张春雷　石虎珍　钱学松　杨道鹏　马镜云　梁　旭　季明明
　　　　　　　吴　寒　郭继元　卢　凯　李一鸣　张　宁　李金涛　周东杰
　　　　　　　贾元祯　邢文伟　叶黎明　刘金亮　马　良　潘志军　吴沛泽
　　　　　　　刘会勇　陈　燕　殷扬浩　张建军　李　强　李晓晨

编 写 人 员（按姓氏笔画排列）
　　　　　　　万金怀　马　源　马书彤　马连军　王　全　王　茂　王　琨
　　　　　　　王　晶　王　震　王一峰　王京莹　王艳艳　王晓勇　王燕红
　　　　　　　牛兵兵　毛旭阳　勾　磊　尹　瑞　孔　瑞　石玉月　石存杰
　　　　　　　申惠芳　田　坤　田英汉　白希铜　冯　瑞　巩建强　吕孟天予
　　　　　　　朱东山　朱兰洋　全春洋　刘　顺　刘　硕　刘子欢　刘秀秀
　　　　　　　齐临冬　安　鸿　许杰敏　孙贝贝　李　伦　李　锦　李　聪
　　　　　　　李安琪　李岩艳　李金懋　李海朝　杨　洋　杨玉彩　杨灵洁
　　　　　　　杨海联　吴　凡　吴志勇　吴彦锟　何　俊　佟启荣　余　浩
　　　　　　　辛理想　沈万湘　宋　宁　宋永茂　张　良　张　娟　张　谦
　　　　　　　张未名　张正红　张伟娜　张园园　张妮娜　张霁月　阿中华
　　　　　　　陈大勇　邵　萌　武朋年　武锐丫　武鹏志　欧宁宁　罗　娟
　　　　　　　周　怡　周　超　郑　皓　郑燕子　单天群　赵　勇　赵　舵
　　　　　　　赵海超　赵崇玲　郝　强　胡　悦　胡玉蕊　侯建强　侯家杰
　　　　　　　姜占朋　贾建乡　顾　欣　党　敏　晁昕逸　徐　征　徐昌鹏
　　　　　　　徐金辉　徐浩洋　徐海明　殷扬浩　高　帅　高昱晖　郭　瑶
　　　　　　　唐　云　唐　庆　黄　喆　黄静康　曹建港　崔雪峰　蒋玉琼
　　　　　　　蒋晓昊　韩　雪　惠浩东　程少南　曾丽莹　游　涛　谢子明
　　　　　　　楚　浩　甄兆聪　解延南　蔡宝华　廖丽莎　樊敏江　薛　攀
　　　　　　　薄　盛　魏雪妮

参 编 单 位

中国中冶管廊技术研究院
中冶京诚工程技术有限公司
北京新航城控股有限公司
北京新航城技术研究院
中国雄安集团基础建设有限公司
西安中冶管廊建设管理有限公司
深圳中冶管廊科技发展有限公司
广州市城市规划勘测设计研究院
石家庄正定新区管委会
河北承宏管廊工程有限公司
中冶京诚数字科技（北京）有限公司
烟台市正大城市建设发展有限公司
崇左市国冶投资发展有限公司
昭通管廊建设发展有限公司
南京溧水城市建设集团有限公司
郑州市自然资源和规划局
郑州市城乡建设局
华为技术有限公司
长春临空经济示范区住房保障和城乡建设局
北京赛瑞斯国际工程咨询有限公司
上海睿中实业股份公司

作者自序

　　由中国测绘学会地下管线专业委员会谋划并组织，由中冶京诚工程技术有限公司主编的《2022年中国城市地下管线发展报告——综合管廊》与读者见面了。在不到两年的时间里，本报告编委会统筹谋划、精心组织，全体参编人员集思广益、反复推敲，付出了极大的努力。我向为本报告的成功出版做出贡献的同志们表示由衷的感谢。

　　综合管廊是重要的市政基础设施之一。新中国成立以来，我国综合管廊业经历了产业规模从小到大、建造能力由弱变强的快速发展过程，对经济社会发展、城乡建设和民生改善提供了有力支撑。但也应当看到，我国综合管廊行业仍然大而不强，生产建设方式依旧相对粗放，盲目追求大断面、高配置的设计方式，大量消耗、大量排放的建造方式尚未根本扭转，与高质量发展要求相比还有很大差距。立足新发展阶段，为全面贯彻新发展理念，推动我国城乡建设绿色发展和高质量发展，我国综合管廊行业肩负着转变城乡建设发展方式，建设高品质韧性城市，实现工程建设全过程绿色建造，以市政建设产业化带动城市建设全面转型升级，打造具有国际竞争力的"中国标准"品牌的历史责任。面对新的发展形势和任务，需要通过对我国综合管廊行业发展的全方位分析，系统总结综合管廊行业改革发展经验；需要全面厘清综合管廊的发展现状和根本目的，以此查找、发现行业发展中亟待解决的问题，研判、分析综合管廊发展的趋势和动向。从这个意义而言，本报告的编写出版具有重要的理论意义和应用价值。

　　《2022年中国城市地下管线发展报告——综合管廊》基于翔实的数据，从现状和趋势、技术和装备、实践和应用、学习和借鉴四个层面，对国内外综合管廊行业的发展状况进行了多角度的深入分析，综述了综合管廊行业发展热点问题的主要学术观点，记述了行业发展的大事，对于全面了解我国综合管廊行业的发展状况，把握我国综合管廊行业的发展趋势，引领我国综合管廊行业未来的发展方向，具有很高的参考价值。本报告对于系统梳理我国综合管廊行业的发展脉络、总结我国以及各地区综合管廊的发展经验具有重要作用。

期待本报告能够得到广大读者和同行的关注，由于时间仓促、水平所限等，报告仍存在不足，恳请大家提出批评和建议，以利于编写人员认真采纳与研究，使后续报告内容更趋完美，让读者和同行更加受益。希望中国的综合管廊建设者们能够持之以恒地跟踪国内外综合管廊行业的发展动态，长期不懈地关注行业发展的热点问题，持续提高我国综合管廊建设水平，引领我国新型市政基础设施建设，认识、尊重、顺应城市发展规律，逐步推进以人民为中心的现代化城市建设。

崔海龙

前言

城市综合管廊是根据规划要求，将多重市政公用管线集中敷设在一个地下市政公用隧道内的现代化、集约化的城市公用基础设施。城市综合管廊建设是21世纪城市现代化建设的热点和衡量城市建设现代化水平的重要标志，其作为城市地下空间的重要组成部分，已经引起了国家的高度重视。近几年，国家及地方相继出台了支持城市综合管廊建设的政策法规，并先后设立了25个国家级城市管廊试点，对推动综合管廊建设有重要的积极作用。

城市综合管廊作为重要的民生工程，可以将通信、电力、排水等各种管线集中敷设，将传统的"平面平铺式布置"转变为"立体集约式布置"，大大增加了地下空间的使用效率，做到了与地下空间的有机结合。城市综合管廊不仅可以用好地下空间资源，提高城市综合承载能力，满足民生之需，逐步消除"马路拉链""空中蜘蛛网"等问题，而且可以带动有效投资、增加公共产品供给，提升新型城镇化发展质量，有效保证城市生命线安全。

本书总结了我国综合管廊建设的发展经验，对国内外综合管廊建设的成功经验做出了完整的总结提炼，并从现状和趋势、技术和装备、实践和应用、学习和借鉴4个层面，建设模式、规划、设计、施工、运维、经营6个维度对国内管廊做出了详尽的分析和论述。对于全面了解我国综合管廊的发展状况、开展与综合管廊发展相关的学术研究，具有重要的借鉴价值。可供广大高等院校、科研机构从事市政基础设施建设、开展相关教学、科研工作的人员、政府部门和综合管廊建设相关企业的管理人员及技术人员阅读参考。

本报告在制定编写方案、收集相关数据和书稿编写及审稿的过程中，得到了各地规划、住建、城投等综合管廊主管部门的大力支持；得到了中国测绘学会地下管线专业委员会领导的大力指导和热情帮助，得到了行业专家积极支持和密切配合；得到了各地管廊公司和各类金融机构的积极响应；在编辑、出版的过程中，得到了中国建筑工业出版社的大力支持，在此表示衷心的感谢。

限于时间和水平，本报告错讹之处在所难免，敬请广大读者批评指正。

本报告编写委员会

2023年8月

目录

　　改革开放以来，我国经历了世界上规模最大、速度最快的城镇化进程，城市数量迅速增长，城市人口规模明显扩张，城市面貌越来越现代化。但是，随着城市发展和人口增长，反复开挖的"马路拉链"和纵横交错的"空中蜘蛛网"屡见不鲜，成为影响城市高质量发展的重要制约因素。

　　当前，我国城镇化已处于快速发展的中后期，正转向全面提升质量的新阶段，蕴含着巨大内需潜力和强大的发展动能。随着城市发展进入城市更新重要时期，急需扭转"重地上轻地下""重面子轻里子"等观念，加快补齐地下管网等严重不足的短板，统筹发展和安全，优化基础设施布局、结构、功能和发展模式，使城市更健康、更安全、更宜居，成为人民群众高品质生活的空间。

　　作为新型城市基础设施，城市地下综合管廊不仅有利于提升城市韧性、提高城镇化发展质量、保障城市安全、改善城市面貌，有利于增加公共产品有效投资、拉动社会资本投入，更是满足人民群众美好生活需要的必然要求，是实实在在的补短板、惠民生之举。

第一篇

现状和趋势

1 综合管廊的孕育

综合管廊，就是地下城市管线综合走廊，即在城市地下建造一个隧道空间，将电力、通信、燃气、供热、给水排水等各种工程管线集于一体，设有专门的检修口、吊装口和监测系统，实施统一规划、统一设计、统一建设和管理，是保障城市运行的重要基础设施和"生命线"。日本称为"共同沟"，新加坡称为"公共服务隧道"，欧美国家也称为"utility tunnel""utility corridor""utilidor""services tunnel""services trench""services vault"。

综合管廊的建设始于19世纪的欧洲，早在1833年，法国巴黎为了解决地下管线的敷设问题和提高环境质量，开始兴建地下管线共同沟。英国于1861年在伦敦市区兴建综合管廊，采用半圆形断面，收容了自来水管、污水管及瓦斯管、电力缆线、电信缆线外，还敷设了连接用户的供给管线。

自法国第一条管廊建成后，欧洲各国开始纷纷兴建地下管廊。西班牙第一条管廊建成于1953年的马德里，政府在发现其对道路状况的改善后进行大力推广，如今在西班牙多个城市都已建成较为完善的综合管廊。英国第一条综合管廊建成于1861年伦敦市区，建成的综合管廊采用半圆形断面，收容自来水管、污水管和瓦斯管、电力缆线、电信缆线和连接用户的供给管线。1893年前西德在汉堡市的Kaiser-Wilheim街的两侧人行道下方兴建450m长的综合管廊，收容暖气管、自来水管、电力缆线、电信缆线及煤气管，但不含下水道。1959年又在布白鲁他市兴建了300m长的综合管廊用以收容瓦斯管和自来水管。1964年前东德的苏尔市（Suhl）及哈勒市（Halle）开始兴建综合管廊的实验计划，至1970年共完成15km以上的综合管廊，并开始营运，同时也拟定向全国推广综合管廊的网络系统计划。德国东部地下管廊收容的管线包括雨水管、污水管、饮用水管、热水管、工业用水干管、电力电缆、通信电缆、路灯用电缆及瓦斯管等。美国在20世纪30年代以来很多大学校园建设了综合管廊。

在亚洲，日本综合管廊（日本称之为"共同沟"）正式建设始于1926年，东京有关方面在市中心的九段地区干线道路地下修建了第一条长约1.8km的共同沟，将电力和电话线路、供水和煤气管道等市政公益设施集中在一条地下综合管廊之内。20世纪90年代末，新加坡首次在滨海湾推行公共服务设施隧道（Common Services Tunnel，简称CST）地下建设，2004年该综合管廊一期工程投入运行。

中国于1958年在北京建设了综合管廊，但内地真正意义上的第一条现代化城市综合管廊是1994年建于上海浦东新区张杨路的综合管廊。1991年，中国台湾省的台北市配合铁路地下化完成中华路（北门至和平两路）第一条综合管廊（中国台湾省称"共同管道"）建设。2002年，香港特区政府开始研究在地下兴建大型隧道，一并埋置电缆、煤气管和水管等公用设施。

为实现城市可持续发展，城市空间整合与智慧城市建设已成为我国城市发展的必然趋势。作为城市地下空间集约发展及城市供给管网智慧管理的有效手段，综合管廊近年在国内诸多新型智慧城市建设中受到热捧。自2015年住房和城乡建设部在全国推广管廊建设以来，目前国内200多座城市已完成约6000多km管廊结构的建设。各主要城市，在市政配套工程建设当中引入综合管廊这一地下管线综合建设及管理新理念，全面启动地下综合管廊工程，形成干线、支线综合管廊并存的综合管廊系统，做到城市基础建设与管理并重，创造城市发展建设的新亮点，不仅创造宜居人文新环境，同时带动经济发展新动力。综合管廊建设对城市发展和创新起到良好的示范和推动作用。

2　发展现状

2.1　国内相关政策

2013年国务院印发《关于加强城市基础设施建设的意见》中指出，开展城市地下综合管廊试点，用3年左右时间，在全国36个大中城市全面启动地下综合管廊试点工程；中小城市因地制宜建设一批综合管廊项目。新建道路、城市新区和各类园区地下管网应按照综合管廊模式进行开发建设。

2014年国务院办公厅印发《关于加强城市地下管线建设管理的指导意见》中指出，通过试点示范效应，带动具备条件的城市结合新区建设、旧城改造、道路新（改、扩）建，在重要地段和管道密集区建设综合管廊。建成综合管廊的区域，凡已在管廊中预留管道位置的，不得再另行安排管廊以外的管道位置。

2015年国务院办公厅印发《关于推进城市地下综合管廊建设的指导意见》中指出，从2015年起，城市新区、各类园区、成片开发区域的新建道路要根据功能需求，同步建设地下综合管廊；老城区要结合旧城更新、道路改造、河道治理、地下空间开发等，因地制宜、统筹安排地下综合管廊建设。在交通流量较大、地下管道密集的城市道路、轨道交通、地下综合体等地段，城市高强度开发区、重要公共空间、主要道路交叉口、道路与铁路或河流的交叉处，以及道路宽度难以单独敷设多种管道的路段，要优先建设地下综合管廊。加快既有地面城市电网、通信网络等架空线入地工程。

2016年国务院印发《关于进一步加强城市规划建设管理工作的若干意见》中指出，建设地下综合管廊。认真总结推广试点城市经验，逐步推开城市地下综合管廊建设，统筹各类管道敷设，综合利用地下空间资源，提高城市综合承载能力。城市新区、各类园区、成片开发区域新建道路必须同步建设地下综合管廊，老城区要结合地铁建设、河道治理、道路整治、旧城更新、棚户区改造等，逐步推进地下综合管廊建设。加快制定地下综合管廊建设标准和技术导则。凡建有地下综合管廊的区域，各类管道必须全部入廊，管廊以外区域不得新建管道。

2017年5月住房和城乡建设部印发《全国城市市政基础设施建设"十三五"规划》中指出，在城市新区、各类园区和成片开发区域，新建道路必须同步建设地下综合管廊。老城区因地制宜推动综合管廊建设，逐步提高综合管廊配建率。在交通流量较大、地下管道密集的城市道路、轨道交通、地下综合体等地段、城市高强度开发区、重要公共空间、主要道路交叉口、道路与铁路或河流的交叉处，以及道路宽度难以单独敷设多种管道的路段，优先建设地下综合管廊。规划建设地下综合管廊的区域，所有管道必须入廊，合理安排各类管道的入廊顺序。

2020年12月30日住房和城乡建设部印发《关于加强城市地下市政基础设施建设的指导意见》中指出，加强设施体系化建设。各地要统筹推进市政基础设施体系化建设，提升设施效率和服务水平。……合理布局干线、支线和缆线管廊有机衔接的管廊系统，有序推进综合管廊系统建设。

2022年3月5日，第十三届全国人民代表大会第五次会议中指出，建设重点水利工程、综合立体交通网、重要能源基地和设施，加快城市燃气管道等管网更新改造，完善防洪排涝设施，继续推进地下综合管廊建设。

2022年4月26日，中央财经委员会第十一次会议中指出，推动建设城市综合道路交通体系，有序推进地下综合管廊建设，加强城市防洪排涝、污水和垃圾收集处理体系建设，加强防灾减灾基础设施建设。

2022年5月23日，国务院常务会议中指出，优化审批，新开工一批水利特别是大型引水灌溉、交通、老旧小区改造、地下综合管廊等项目，引导银行提供规模性长期贷款。

2022年6月15日，国务院常务会议强调，地下管廊是城市"里子"工程，带动能力强，是一举多得的代表性项目，要结合老旧管网改造推进建设。

2.2 国内发展回归理性

地下管线担负着城市的信息传递、能源输送、排涝减灾、废物排弃的功能，是发挥城市功能、确保城市健康、协调和可持续发展的重要基础和保障。随着城市化进程的不断推动，地下管线的规模不断扩大，部分城市管线已经接近峰值。据不完全统计，截至2019年底，全国地下供水、燃气、排水、供热管线总里程超过283万km，是2000年的5倍。建成区管线密度达到45.65km/km²，是2000年的2倍。随着城市的发展从增量发展逐渐向存量发展的不断过渡，供水、燃气、排水、供热等介质能源的需求已经基本趋于稳定，电力、通信等管线的需求仍在不断增加。同时随着城市品质的提升也出现了一些垃圾输送、饮用水等新的管线种类。原有的管网已经远远落后于城市的发展。

当前城市管线经过几轮的大规模的建设、增补，目前整体上城市管线处于杂乱无章、底数不清、管理无序、事故频发的状态。2021年共收集到地下管线破坏事故1355起，给水管道破坏事故数量最多，共719起，占地下管线破坏事故总数的53.06%。地下管线破坏事故共造成61人死亡、271人受伤，如图2.2-1所示。事故主要原因：管线寿命较短，一般为30年；事故频繁开挖路面影响相邻管线；直埋无保护无监控，易造成事故，如图2.2-2所示。

我国自2013年首次提出开展综合管廊试点以来，国务院发布了一系列政策鼓励提倡社会资本参与管廊建设，同时我国发布了多项综合管廊标准规范，各地出台了多项管廊相关地方性法规，我国管廊建设呈现蓬勃发展的趋势，从建设规模和水平来看，我国已超越欧美国家成为综合管廊的建设大国。2018年以后，国家政策放缓，我国综合管廊呈现"建设回归理性，科学有序推进"的趋势。进入"十四五"以来，特别是2022年3月至6月，中央4次提出要继续推进地下综合管廊建设，为管廊的发展提出了新要求，带来了新机遇。

根据住房和城乡建设部发布的2021年城市建设统计年鉴，截至2021年，地下综合管廊长度6706.95km。

图2.2-3为2016年以来全国历年城市市政公用设施建设固定资产投资情况，可以看出自2018年至2020年，综合管廊建设的固定资产投资开始逐年减少，2021年有所增加，但幅度不大，但2018年至2020年新建综合管廊里程仍在逐年递增，如图2.2-4所示，说明综合管廊的单公里造价呈下降趋势。由此可见：我国综合管廊建设逐渐从高增长期转向理性减缓期，并向集约化和高质量建设方向迈进。

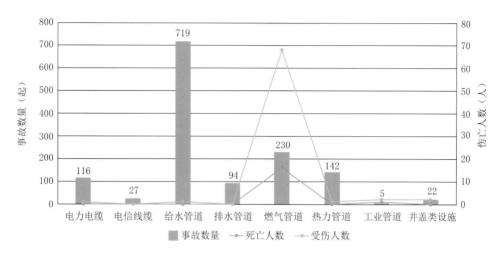

图 2.2-1 2021年管线事故及伤亡人数

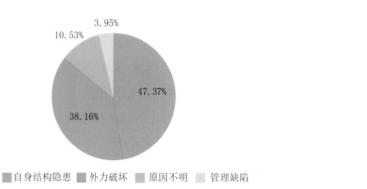

外力破坏及自身结构破坏占85.53%

图 2.2-2 管线破坏事故原因

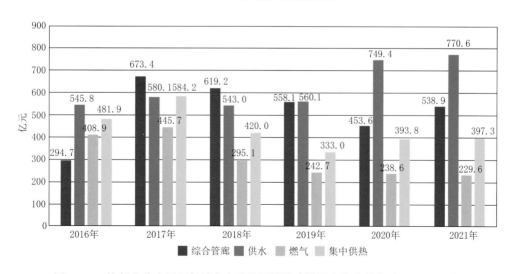

图 2.2-3 按行业分全国历年城市市政公用设施建设固定资产投资（2016-2021）

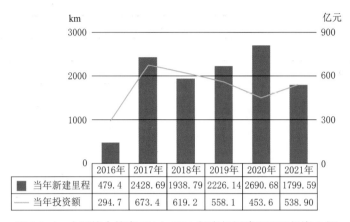

	2016年	2017年	2018年	2019年	2020年	2021年
■ 当年新建里程	479.4	2428.69	1938.79	2226.14	2690.68	1799.59
— 当年投资额	294.7	673.4	619.2	558.1	453.6	538.90

图 2.2-4　中国综合管廊 2016-2021 年当年新建里程及投资金额

　　图 2.2-5、图 2.2-6 分别为 2020 年按省、城市综合管廊建设固定资产投资及投资占比的情况，从中可以看出广东、河北、湖北、浙江和陕西 5 个省份在综合管廊建设上的投资居于前列，五个省份的投资合计 299.5 亿元，超过了全国综合管廊建设投资的一半，仅广东一个省的综合管廊建设投资（主要集中在深圳市）已达全国的 10.14%。但广东省综合管廊的投资仅占当年本省市政基础设施投资的 4.56%。河北省的综合管廊建设主要集中在雄安新区，雄安新区的综合管廊建设投资约占河北省综合管廊建设投资的 89.26%。从图中数据可以看出，非直辖市和非省会城市建设综合管廊的投资占本市市政基础设施投资的比例都较高，例如四平市达到 85.54%。

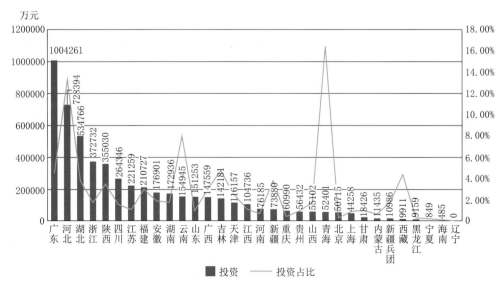

图 2.2-5　2021 年按省份综合管廊建设固定资产投资及投资占比
注：投资占比指综合管廊投资占本省市政基础设施投资的比例。

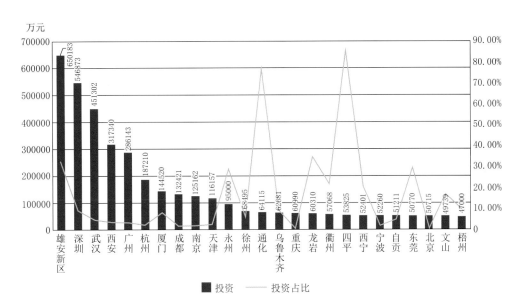

图 2.2-6 2021 年按城市综合管廊建设固定资产投资及占比（前 25）
注：投资占比指综合管廊投资占本市市政基础设施投资的比例。

我国国家级综合管廊试点城市共 25 个，包含 2015 年 10 个：包头、沈阳、哈尔滨、苏州、厦门、十堰、长沙、海口、六盘水、白银；2016 年 15 个：郑州、广州、石家庄、四平、青岛、威海、杭州、保山、南京、银川、平潭、景德镇、成都、合肥、海东。

根据图 2.2-7、图 2.2-8 中各省、市综合管廊的建设数据，可以看出试点城市中厦门、成都、广州、青岛、南京等 2021 年已建设综合管廊长度均在百公里以上，并且新建综合管廊长度均在 25km 以上。西安市作为陕西省省级地下综合管廊试点城市，2021 年已建综合管廊长度已达 249.5km。

图 2.2-7 2021 年按省份综合管廊建设长度和当年新建管廊长度
注：截至 2021 年全国建设综合管廊总长度 6707.0km。

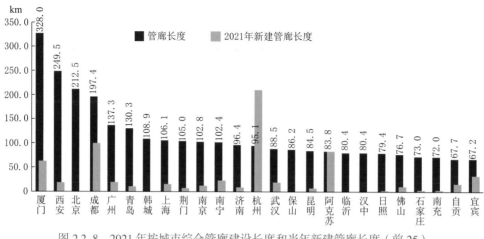

图 2.2-8 2021 年按城市综合管廊建设长度和当年新建管廊长度（前 25）

2.3 创新成果推动高质量发展

标准规范：根据全国标准信息公共服务平台统计，2015 年以来，我国发布了 6 项综合管廊相关国家标准（表 2.3-1）、30 条地方标准及 5 项行业标准，这些标准为综合管廊的建设发展起到了至关重要的作用。

表 2.3-1 国内综合管廊相关国家标准

发布日期	实施日期	标准号	标准名称
2020.3.6	2020.10.1	GB/T 38550—2020	城市综合管廊运营服务规范
2021.12.31	2022.7.1	GB/T 41217—2021	城市地铁与综合管廊用热轧槽道
2019.10.18	2020.9.1	GB/T 38112—2019	管廊工程用预制混凝土制品试验方法
2019.2.13	2019.8.1	GB 51354—2019	城市地下综合管廊运行维护及安全技术标准
2017.12.12	2018.7.1	GB/T 51274—2017	城镇综合管廊监控与报警系统工程技术标准
2015.5.22	2015.6.1	GB 50838—2015	城市综合管廊工程技术规范

结构形式：我国综合管廊主要在新建城区修建，形式多为 2~3 舱断面，部分为 4~5 舱大型断面和 1 舱支管廊、缆线管廊。近年来随着城市更新地推进，我国建设了一批集约小型综合管廊，小型管廊基本为单舱浅埋形式，主要服务于末端用户，如青岛老城小型管廊、南京小西湖微管廊等，小型综合管廊的建设有利于提高城市末端管线的韧性、提升老城形象和推动城市更新。此外，在一二线城市出现了一批综合管廊与地下空间协同建设的实施案例，如南京溧水秦淮大道综合

管廊与地下商业、人行空间合建，武汉光谷地下管廊与地铁和地下商业合建，北京王府井综合管廊与轨道交通合建等，综合管廊与地下空间的一体化建设对集约利用地下空间、避免重复建设和投资、降低建设成本等具有重大意义。

附属设施：根据《城市综合管廊工程技术规范》GB 50838—2015 的规定，综合管廊的附属设施包括消防系统、通风系统、供电系统、照明系统、监控与报警系统、排水系统和标识系统。目前我国新建的综合管廊基本按以上要求设置附属设施，但为了降低综合管廊的造价，在总结经验、基于科研成果和保障安全的基础上，各地开始研究配置轻量化的附属设施，特别是小型综合管廊的出现推动了这一趋势，北京市规划和自然资源委员会在 2020 年发布的《城市综合管廊工程技术要点》中提到，小型综合管廊不需设置消防、照明、机械通风等附属设施。总体来看，我国综合管廊附属设施的设置在朝着轻量化和经济集约的方向发展。

新材料应用：我国综合管廊多采用现浇或预制钢筋混凝土材料，随着管廊技术的进步，多地也涌现了一批新材料应用于综合管廊，如武邑钢制波纹管廊、呼和浩特市元亨石墨产业园竹缠绕综合管廊以及高分子材料（塑料）管廊等。

施工工法：目前，我国管廊项目大多是采用明挖现浇法或明挖预制施工法，还有一些地质不同或有特殊要求的项目采用其他方法，如西安和沈阳的管廊项目在老城区或穿越特殊的道路或河道时采用了顶管施工工艺，杭州、广州以及沈阳等使用盾构法建造综合管廊。在新技术方面，近些年针对管廊的施工，利用盾构设备推进和盾壳内拼装管节的原理，结合明挖法简便、经济的特点，研发出综合管廊施工专用U形盾构掘进机。

运营维护：我国多数综合管廊刚刚投入运营，基本采用政府、管廊公司和入廊管线单位共同合作的模式进行，并且各地在加速综合管廊智慧运营管控平台的建设，尝试通过 BIM、GIS、大数据和人工智能手段来提高管廊运营的智慧化水平，如国内首个智慧管廊项目云南滇中新区智慧管廊运营平台、西安市地下综合管廊智慧化统一管理平台等。

3 趋势研判

3.1 存在问题

目前我国综合管廊建设发展还存在以下几点问题：

（1）运营经验不足，法规不全，导致入廊率低，收费难。

截至 2020 年地下综合管廊长度 6706.95km，但进入全面运营阶段的管廊不足 2000km，管线入廊率仅接近 1/3，我国综合管廊的运营尚处于摸索阶段。

我国综合管廊相关法规尚不健全，根据法信网相关数据，目前国家层面还未出台综合管廊相关法规，仅各地出台了相关地方性法规，见表 3.1-1。

法规的缺失和强制入廊手段的缺失，导致管线入廊率较低；运营经验的不足导致社会公众和管线单位尚未完全体验到综合管廊的长期效益，各利益方缺少参照信息和决策依据，加之收费及成本回收机制尚不健全，导致管线入廊后的收费困难，影响了综合管廊的可持续发展。

表 3.1-1　国内综合管廊相关地方性法规汇总表

公布时间	地方性法规
2021	西安市城市地下综合管廊条例
2019	南宁市地下综合管廊管理条例
2019	六盘水市城市地下综合管廊管理条例
2018	白银市城市地下综合管廊管理办法
2017	厦门经济特区城市地下综合管廊管理办法
2015	珠海经济特区地下综合管廊管理条例

（2）投资大，收费难，导致建设融资难。

目前我国综合管廊项目主要有政府和社会资本合作（PPP 模式）以及政府全额出资两种模式，两种模式的特点如下：政府全额出资模式的费用全部由政府承担，会造成政府的财政负担较大，该模式只能应用于一些财政收入水平较高的城市；而 PPP 模式引入社会资本，丰富了投资主体的来源，可以减轻政府的财政负担。

相比管线直埋敷设，综合管廊建设一次性资金投入较大，加之管线入廊后的收费暂时较困难，影响了管廊的投资收益，导致管廊在建设初期融资困难。

我国综合管廊的规划、设计和施工和运维还存在以下几点问题：

（1）规划：自 2019 年后，我国规划体系发生了重要的变化，建立了国土空间规划体系，将主体功能区规划、土地利用规划、城乡规划等空间规划融合为统一的国土空间规划，实现"多规合一"。从规划层级和内容类型来看，国土空间规划分为"五级三类"。"五级"是从纵向看，对应我国的行政管理体系，分为国家级、省级、市级、县级、乡镇级；"三类"是指规划的类型，分为总体规划、详细规划、相关的专项规划（图3.1-1）。

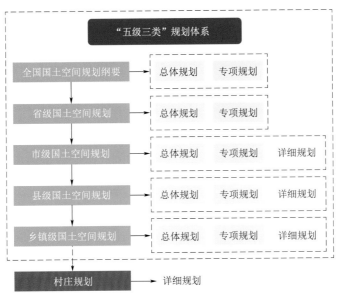

图 3.1-1　我国"五级三类"规划体系

综合管廊的规划属于专项规划，总体来说我国综合管廊缺少一定的规划体系，具体体现在以下几方面：

① 对总规的把控和支撑不足。总体规划强调的是规划的综合性，是对一定区域范围涉及的国土空间保护、开发、利用、修复做全局性的安排，专项规划是对总体规划的支撑和保证。我国综合管廊在建设初期，多数管廊规划仅仅是将市政管线的规划套一个综合管廊的壳子，缺少对总体规划的把控和支撑。

② 与其他专项规划的协同不足。例如一条市政道路的地下空间涉及的专项规划可能包括轨道交通、各类市政管线、地下通道以及综合管廊，综合管廊规划需与这些相关的规划融合协同并进行调整反馈，目前我们的综合管廊专项规划在这方面有所缺失。

③ 必要性和可行性不足，落地性差。这些年我国各地多是为了完成建设任务的公里数而做的综合管廊规划，这样的动机导致管廊规划在必要性和可行性上论证不足，直接导致综合管廊在实施中落地性差。

（2）设计：目前我国综合管廊存在断面分舱较多、集约化和综合性不足的问题；在附属设施的设计中存在过度冗余、功能融合性较低等问题。究其原因主要是我国在管廊建设初期，缺少经验，相关规范是在管线直埋的基础上设立的，导致管线的安装检修空间预留过大，部分管线独立舱室设置，附属设施过多等冗余设计，造成管廊舱室过多、断面过大、附属系统不够轻量化，进一步提高了管廊的造价，影响了管廊的建设发展。

（3）施工：标准化预制化不足，城市更新区施工技术有待创新。我国综合管廊建设初期，项目类型多为新建城区的干支混合型管廊、断面较大的非单舱管廊，施工方式多为明挖现浇钢筋混凝土管廊，工期较长、造价较高，标准化预制化程度不足，随着我国城市更新的推进，小型管廊更适应于狭窄的老城街道，同时也对传统施工技术提出要求，除标准化预制化外，更需要影响小、周期短的施工技术。

（4）运维：目前国内管廊运营普遍存在无标准作业流程、人工作业、响应速度慢、应急处置不及时、过程数据缺失、智慧化管控水平低下等问题，增加了管廊的安全隐患和运维成本。

3.2 发展趋势

1. 因地制宜、科学有序的集约化建设实现"双碳"目标

2020 年 9 月 22 日，在第七十五届联合国大会上，中国宣布力争 2030 年前 CO_2 排放达到峰值，努力争取 2060 年前实现"碳中和"目标。综合管廊的建设和运维也应朝着绿色建造和智慧运维的方向发展。

综合管廊的规划会以因地制宜、科学有序为原则，综合管廊是城市市政管网系统的重要组成部分，宏观上管廊的规划应站在优化市政管网的角度进行，综合管廊应与各市政管线融合协同；微观上综合管廊应与道路全要素统筹融合，例如管廊的口部与道路景观的协调、综合管廊与轨道交通、地下商业的协调等。总之，综合管廊应在宏观和微观两个层面为市政管网和道路功能赋能，实现系统的价值最优，进一步实现绿色低碳的目标。

我国经过 2015 年后管廊建设的加速发展，现在已经进入管廊建设的理性发展阶段，综合管廊的设计施工和运维将以集约化和轻量化为方向，例如管廊断面利用率的提高、附属设施的轻量化、施工工法的标准化、预制化和低影响开发以及运维的"无人化"和智慧化将是未来的发展趋势（图 3.2-1）。

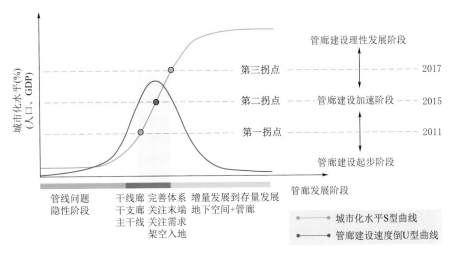

图 3.2-1　我国综合管廊的发展阶段图示

2. 小型化、轻量化推动城市更新

《2021年国务院政府工作报告》提出实施城市更新行动，提升城镇化发展质量；"十四五"规划和2035年远景目标纲要也提出对存量片区功能改造提升的要求，城市存量更新改造工作在"十四五"时期成为国家战略。国内大中城市先后开启城市更新工作，各地因地制宜地对城市存量空间进行优化提升，主要是提升老旧小区、老旧厂区、老旧街区和城中村等存量片区功能。2021年住房和城乡建设部办公厅印发《关于开展第一批城市更新试点工作的通知》中提出，第一批城市更新试点工作将在21个城市（区）开展，进一步推动城市更新的进程。

老旧街区在城市现代化发展进程中逐渐无法满足人们的生活需求，改革开放时期主要以大拆大建为主要改造方式，存在破坏街区历史文化且因拆迁增加政府压力等诸多问题，微改造方式也因此逐渐出现（图3.2-2）。目前国内对老旧街区的改造研究注重改造过程中对老旧街区进行文化保护以带动街区发展，即修旧如旧的改造原则，在保留地区固有特色的基础上对历史文化街区进行改造升级，更新其物质环境，带动历史文化街区与城市之间的内在联系，拓展现代商业、经济与使用功能，使历史文化街道焕发出新的活力以助力城市发展（图3.2-3）。在老旧城区的城市更新中，国务院、住房和城乡建设部等国家主管部门多次强调水、电、气、路等能源介质的提升改造是重中之重。

（a） （b）

图 3.2-2 老旧城区的现状

（a） （b）

图 3.2-3 老旧城区的更新愿景

　　老旧城区或历史文化街区在城市更新中的一大阻力就是市政基础设施的改造，主要矛盾为多种类一定规模的市政管线对地下空间的需求与街巷狭窄空间之间的矛盾。而解决这一矛盾的主要途径就是将平铺错开式的市政管线排列方式转变为综合立体式的排布方式，即通过小型综合管廊来满足老旧城区中市政管线对地下空间的需求。

　　小型综合管廊不仅指断面小型化的综合管廊，还主要体现在轻量化的附属设施，建设阶段的施工机械、施工工法、施工效率以及运营阶段的智慧管理等方面的一系列产品。

3. 管线为本的理念推动管廊科技创新和城市高品质生活的需求

综合管廊的科技创新将围绕"管廊为管线服务"这一原则，全要素考量管网需求来进行，如针对城市的局部内涝问题，可结合综合管廊实施海绵城市，优化雨水管网；针对污水管网的长距离重力流传输，可结合分布式泵站技术，实现压力污水管线的入廊；针对电力管线的散热问题，可通过热回收系统，实现能源的回收利用；随着人们对高品质生活的需求，综合管廊的建设要考虑直饮水和真空垃圾管道的入廊，并考虑与地下物流系统的衔接。

综合管廊是一项百年工程，我们还需考虑未来能源系统的变革，在"双碳"背景下，传统的供热和天然气等供能方式随时可能被新型绿色能源替代，这也是综合管廊不得不考虑的一个趋势。总之，综合管廊建设需要对现状和未来有一定的把控和预测，才能做到真正地为管线服务。

4　对策建议

随着雄安新区综合管廊大面积铺开，如图4.0-1所示，已有管廊进入运维阶段，入廊收费政策即将出台，能够为其他区域管线入廊收费提供强有力的经验指导和政策依据。其实在2022年8月，云南省昭通市昭阳区综合管廊已成功签订首个电力管线入廊协议，如图4.0-2所示，标志着我国管线入廊收费工作迈出实质性的一步，由此可见未来国内综合管廊入廊收费可期，综合管廊也能够成为拉动城市高质量发展的重要切入点。

图 4.0-1　雄安新区综合管廊

图 4.0-2　云南昭通综合管廊签订入廊协议

对我国综合管廊的建设发展提出以下建议：

1. 建立基础设施建设共享数据库，完善投资决策依据

重视地下管线不同敷设方式下的规划建设投资、维护维修费用等相关信息的统计分析工作，在成本监审及运行寿命调查基础上，明确管线直埋敷设、重新敷设、运维等相关费用标准，进一步构建涵盖全要素地质信息及地下管线、地下各类设施、城市道路等城市基础设施建设、更新改造及运营维护等信息的大数据库，用作综合管廊决策评估的依据，确保数据库动态更新、协同共享，能够为开展不同类型综合管廊成本效益量化分析、构建精细化投资决策模型、为综合管廊投资建设科学决策提供数据支撑。

2. 鼓励社会资本与管线单位参与，扩大有效投资

2022 年 5 月 23 日和 2022 年 6 月 15 日的国务院常务会议提出要建设地下综合管廊项目，引导银行提供规模性长期贷款，部署支持民间投资和推进一举多得项目的措施，更好扩大有效投资带动消费和就业。

综合管廊作为一种市政基础设施，其建设有投资金额巨大、投资回报率较长的特点，完全依靠政府投资有较大的困难，因此积极转向鼓励社会资本参与其融资、建设与经营的模式成为不可逆转的趋势。应推动综合管廊投资体制创新，拓展资金来源。管线单位作为综合管廊的使用者，也可参与到综合管廊的投资建设中来，积极推动和支持管线单位和社会资本以投资入股区域综合管廊平台公司等多元方式，与政府共建共享地下综合管廊的投资建设和运营管理，通过完善综合管廊的成本回收机制和有偿使用制度，改进政府和社会资本合作（PPP）模式的政策措施，以区域综合管廊平台公司为抓手，针对具体项目量化分析政府补助比例，明确投资回报机制，探索社会力量参与投资建设和运行管理的机制体制。

3. 完善政策法规，探索共赢收费机制

综合管廊的一次性投资高，投用后运维费用负担重，如何合理收费已成为我国综合管廊可持续发展的关键，目前很多城市虽然制定并发布了管廊收费标准，但实际收费情况并不理想，收取的费用难以回收投资和维持正常运营，给政府造成巨大的财政负担。建议充分借鉴以《共同沟法》（日本）为代表的国内外的立法经验，结合各地管廊投资建设管理的实际，逐步形成完善的政策和法律保障体系。

在成立管廊区域平台公司的基础上，鼓励管线单位参与综合管廊的规划设计，并将入廊收费签约提前至规划设计阶段，合理统筹入廊管线，提高管廊的综合利用率。在制定入廊收费制度相关政策时，明确管线单位的有偿使用缴费来源，保证入廊费可合法合规纳入管线单位企业成本，并通过税费减免等政策鼓励管线单位入廊缴费。

综合管廊各利益主体可共同探索新的定价机制，尝试更多成本分担渠道和投融资模式，例如可将综合管廊与地下停车场、轨道交通等同步规划建设，并利用停车、地铁运营收益等补贴管廊建设成本。

4. 因地制宜建设综合管廊

综合管廊的建设应从城市的实际需求出发，紧抓管线问题的牛鼻子，企业应将重点放在提出系列化、梯级化的综合管廊全生命周期的解决方案，才能为城市建设出"因地制宜、按需设廊、性价比高、回收期短、运维费低"的综合管廊。

随着我国城市发展进入城市更新阶段，老旧城区用户"最后一公里"的管线安全问题越来越受到政府和管廊行业的高度重视，在城市更新区建设小型管廊已成为必然趋势，针对老城区现状，应优先选用非开挖的施工方式，如顶管、暗挖和盾构等施工方式。

在新区开发和老城改造的过程中，可优先随轨道交通建设、随道路新（改、扩）建、随地下管线新（改、扩）建、结合架空线入地等项目建设综合管廊，因地制宜动态调整综合管廊的建设计划，鼓励因时因地制宜采用创新施工工艺、材料等低成本高效益建设综合管廊。

5. 推进国标修订，推动综合管廊降本增效

随着我国综合管廊事业的发展，我们积累了大量的工程经验，综合管廊各项技术也突飞猛进，下一阶段重点应放在综合管廊的降本增效问题上。应发挥规划设计的引领作用，加强项目线位、埋深、断面、节点、附属、工法等优化论证，从源头做好成本控制。具体可通过提高管廊断面和节点的综合性和集约性，以及

采用轻量化的附属设施来降低成本，但部分优化措施与我国综合管廊国标强条存在冲突，建议根据我国管廊近年的工程实践，围绕综合管廊"安全、高效、经济、智能"的目标，研究多管线共舱技术（如热电同舱敷设）、管线敷设安全距离优化、断面集约优化、附属系统轻量化和功能融合优化，在此基础上对国标进行修订，推进管廊的集约化设计，降本增效。另外，也可因时因地制宜采用预制装配式综合管廊代替现浇综合管廊，进一步实现管廊建设的降本增效。

综合管廊的集约化建设可从以下几方面着手：

（1）综合管廊的断面设计中，在保证管道正常安"零覆土"断面，提高舱室的综合性和集约性。

（2）在综合管廊的节点设计中，可通过适当拉长通风区间，减少通风节点数量；合并多个节点的功能，如吊装口与通风口节点合二为一，通风口采用水平防雨百叶时，设置为可开启式，通风口兼做吊装口，减少出地面设施的数量；逃生采用多舱室互逃等方式，减少出地面逃生口数量。在小型管廊的设计中，可采用管道走道一体支架、管线综合引出技术等技术压缩管廊断面和节点数量。通过以上多种方式，提高管廊节点的综合性和集约性。

（3）在综合管廊的附属设施中，可通过轻量化的附属设施配置降低综合管廊的造价，如电舱的自动灭火装置可采用"重点部位，重点布放"的原则，可只在电缆的接头位置等易发生火灾的部位设置自动灭火装置；在综合管廊的通风系统中，可仅安装通风设备，不配置永久电源，预留接通移动电源的条件，仅在必要的时候开启通风系统等方式，提高综合管廊附属设施的轻量化。

（4）在综合管廊的监控中心的集约化方面，随着5G技术的普及，可根据实际情况减少监控中心的分级和数量，也可考虑采用"市级监控中心＋维护站"的形式，或配合使用车载式移动维护站，这些方式可在节约资源的同时提高监控运维的灵活性。

6. 开展试点项目，提高管廊运营智慧化

目前我国在加速综合管廊智慧运营管控平台的建设。日本、新加坡有较为完善的运维作业流程，智能化管控水平相对较高，而国内的综合管廊管控水平相对落后，增加了安全隐患和运维成本。建议开展一批智慧管廊试点项目，推进与管线单位协同共享数据平台，推进我国管廊运营向智慧化迈进。

第二篇

技术和装备

5 理论基础

5.1 综合管廊建设主要法律法规及标准规范

1.《中华人民共和国城乡规划法》

2.中共中央 国务院印发《关于进一步加强城市规划建设管理工作的若干意见》

3.国务院办公厅印发《关于加强城市地下管线建设管理的指导意见》

4.国务院办公厅印发《关于推进城市地下综合管廊建设的指导意见》

5.《城市综合管廊工程技术规范》GB 50838—2015

6.《城镇综合管廊监控与报警系统工程技术标准》GB/T 51274—2017

7.《城市地下综合管廊运行维护及安全技术标准》GB 51354—2019

8.《城市工程管线综合规划规范》GB 50289—2016

9.《室外给水设计标准》GB 50013—2018

10.《室外排水设计标准》GB 50014—2021

11.《城镇燃气设计规范》GB 50028—2006

12.《城镇供热管网设计标准》CJJ/T 34—2022

13.《电力工程电缆设计标准》GB 50217—2018

14.《综合布线系统工程设计规范》GB 50311—2016

15.《城镇综合管廊监控与报警系统工程技术标准》GB/T 51274—2017

16.《市政工程投资估算编制办法》建标〔2007〕164号

17.《城市地下综合管廊工程投资估算指标》ZYA1-12（11）

18.《城市抗震防灾规划标准》GB 50413—2007

19.《城市消防规划规范》GB 51080—2015

20.《城市防洪规划规范》GB 51079—2016

21.《城市居住区人民防空工程规划规范》GB 50808—2013

22.《城乡建设用地竖向规划规范》CJJ 83—2016

23.《公路与市政工程下穿高速铁路技术规程》TB 10182—2017

5.2 综合管廊基本术语解释

1. 综合管廊 utility tunnel
建于城市地下用于容纳两类及以上城市工程管线的构筑物及附属设施。

2. 干线综合管廊 trunk utility tunnel
用于容纳城市主干工程管线，不直接向用户提供服务的综合管廊。

3. 支线综合管廊 branch utility tunnel
用于容纳城市配给工程管线，直接向用户提供服务的综合管廊。

4. 干支结合综合管廊 combined trunk and branch utility tunnel
用于同时容纳城市主干和配给工程管线，可兼顾向用户提供服务的综合管廊。

5. 小型综合管廊 small-scale tunnel
用于容纳小规模中低压电力电缆、通信线缆、给水配水管道、再生水配水管道等，主要服务末端用户，其内部空间可不考虑人员正常通行的要求，不设置常规电气、机械通风等附属设施的综合管廊。

6. 缆线综合管廊 cable trench
用于容纳电力电缆和通信线缆的综合管廊，可采用沟槽、单舱管廊方式建设，其内部空间可不考虑人员正常通行的要求，可不设置机械通风、电气等附属设施。

7. 城市工程管线 urban engineering pipeline
城市范围内为满足生活、生产需要的给水、雨水、污水、再生水、天然气、热力、供冷、电力、通信、广播电视、气力垃圾输送管道等市政公用管线，不包含工业管线。

8. 通信线缆 communication cable
用于传输信息数据电信号或光信号的各种导线的总称，包括通信光缆、通信电缆、广播电视光缆、广播电视线缆以及智能弱电系统的信号传输线缆。

9. 气力垃圾输送管道系统 pneumatic garbage collecting pipe system
利用负压气流将垃圾抽吸输送至中央收集站的管道系统。

10. 综合管廊定测线 utility tunnel positioning line
为便于综合管廊平面定位设置的其主要结构定位基准线。

11. 舱室 compartment
由综合管廊结构本体或防火墙、防火门分隔的用于敷设城市工程管线的空间。

12. 人员出入口 entrance
供人员从地面、综合管廊监控中心、地下综合体等进出综合管廊的通道或孔口。

13. 人员逃生口 safety exit

供人员在紧急情况下安全疏散到相邻防火分区、相邻舱室、地面或其他安全部位的孔口。

14. 吊装口 hoisting hole

用于将各种入廊管线和设备吊入综合管廊内而在综合管廊上开启的孔口。

15. 管线分支口 junction for pipe or cable

综合管廊内部管线和外部直埋管线或沟道相衔接的部位。

16. 现浇混凝土综合管廊 cast-in-siteutility tunnel

采用现场整体浇筑混凝土的综合管廊结构本体。

17. 预制拼装综合管廊 precast utility tunnel

在工厂内分节段浇筑成型，现场采用拼装工艺施工成为整体的综合管廊结构本体。

18. 管片结构 segment structure/segmental lining

利用工厂预制、现场拼装的管片衬砌隧道的结构形式。

19. 标识 mark

为便于综合管廊内部入廊管线分类管理、安全引导、警告警示等而设置的铭牌或颜色标识。

20. 智慧管理系统 intelligent management system

对综合管廊各子系统进行集成，满足对内管理、对外通信、与城市工程管线运营公司或管理部门协调等需求，具有综合、智慧化处理能力的系统平台。

5.3 综合管廊建设原则

（1）综合管廊工程建设应以综合管廊工程规划为依据。

（2）综合管廊应统一规划、设计、施工和维护，并应满足管线的使用和运营维护要求。

（3）综合管廊工程设计应包含总体设计、结构设计、附属设施设计等。纳入综合管廊的管线应进行专项管线设计。

（4）综合管廊工程规划应集约利用地下空间，统筹规划综合管廊内部空间，协调综合管廊与其他地上、地下工程的关系。

（5）综合管廊工程规划应结合城市地下管线现状，在城市道路、轨道交通、给水、雨水、污水、再生水、天然气、热力、电力、通信等专项规划以及地下管线综合规划的基础上，确定综合管廊的布局。

（6）天然气管道应在独立舱室内敷设。

（7）热力管道采用蒸汽介质时应在独立舱室内敷设。

（8）热力管道不应与电力电缆同舱敷设。

（9）压力管道进出综合管廊时，应在综合管廊外部设置阀门。

（10）综合管廊的每个舱室应设置人员出入口、逃生口、吊装口、进风口、排风口、管线分支口等。

（11）天然气管道舱室的排风口与其他舱室排风口、进风口、人员出入口以及周边建（构）筑物口部距离不应小于 10m。天然气管道舱室的各类孔口不得与其他舱室连通，并应设置明显的安全警示标识。

（12）管线设计应以综合管廊总体设计为依据。

（13）天然气管道应采用无缝钢管。

（14）天然气调压装置不应设置在综合管廊内。

（15）当热力管道采用蒸汽介质时，排气管应引至综合管廊外部安全空间，并应与周边环境相协调。

（16）电力电缆应采用阻燃电缆或不燃电缆。

（17）综合管廊工程的结构设计使用年限应为 100 年。

6 规划

6.1 编制原则

编制综合管廊建设规划应遵循以下原则：

（1）政府组织、部门合作。充分发挥政府组织协调作用，有效建立相关部门合作和衔接机制，统筹协调各部门及管线单位的建设管理要求。

（2）因地制宜、科学决策。从城市发展需求和建设条件出发，合理确定综合管廊系统布局、建设规模、建设类型及建设时序，提高规划的科学性和可实施性。

（3）统筹衔接、远近结合。从统筹地上地下空间资源利用角度，加强相关规划之间的衔接，统筹综合管廊与相关设施的建设时序，适度考虑远期发展需求，预留远景发展空间。

6.2 组织原则

综合管廊建设规划由城市人民政府组织相关部门编制，编制中应充分听取道路、轨道交通、供水、排水、燃气、热力、电力、通信、广播电视、人民防空、消防等行政主管部门及有关单位、社会公众的意见。

6.3 重点内容

综合管廊建设规划应合理确定综合管廊建设区域、系统布局、建设规模和时序，划定综合管廊廊体三维控制线，明确监控中心等设施用地范围。

6.4 规划统筹

（1）新老城区统筹。综合管廊建设规划应统筹兼顾老城区和新城区。城市新区、各类园区、成片开发区域新建道路应结合实际需求同步规划建设综合管廊。老城区应结合城市老旧管网改造、道路交通改造、轨道交通建设、地下空间开发、老旧小区改造、城市风貌改善、架空线入地等城市更新建设需求，针对基础设施突出问题，因地制宜推进综合管廊建设，提高市政管网建设质量和城市整体安全韧性。

（2）地下空间统筹。综合管廊建设规划应与地下空间利用相关规划统筹，做到与地下管线、地下道路、轨道交通、人民防空、地下综合体等地下空间及设施现状或规划统筹衔接，实施地下空间分层管控以及多功能协同规划，明确重要节点控制要求，实现综合管廊与各类地下设施的平面与竖向协调，科学引导综合管廊与地下空间共建实施。无法同步建设的，应预留建设和发展空间。

（3）地下管线统筹。应结合实际需求、建设条件及综合效益分析，与各类管线规划和地下管线综合规划衔接。综合管廊规划布局应结合给水厂、污水处理厂、再生水厂、发电厂、变电站、燃气场站、热源厂、通信机楼、真空垃圾转运站等重要市政场站以及重要市政廊道的布局和需求合理确定。发挥综合管廊统筹集约布局管线的作用，通过综合管廊引导和优化区域管线系统布局，因地制宜促进综合管廊建设区域内的管线纳入综合管廊，减少区域内直埋管线和架空线缆，提高综合管廊的建设效能。处理好综合管廊与重力流管线或其他直埋管线的空间关系，合理确定综合管廊平面及竖向位置，保障综合管廊与直埋管线、缆线管沟等系统衔接和联通。

综合管廊建设规划相关内容应纳入城市地下管线综合规划，因地制宜确定不同区域各类管线的敷设方式，统筹城市不同敷设方式的管线布局。应将综合管廊建设规划相关成果和要求纳入给水、排水、再生水、燃气、热力、电力、通信等各类专项规划的编制或修订，并统筹优化管网规划布局，提升区域市政设施承载能力。

（4）道路统筹。编制综合管廊建设规划，应结合城市道路系统等级及其交通量大小、道路横断面形式、道路沿线建设条件、道路在城市中的重要性等，确定综合管廊规划布局、断面选型、三维控制线划定、重要节点控制等内容。综合管廊作为城市道路附属设施时，应结合道路建设和改造时序，合理安排综合管廊建设时序和规模。

（5）规划衔接。综合管廊建设规划应与相关专项规划充分衔接。各相关规划应满足综合管廊建设空间和建设时序的需求。

6.5　规划期限

综合管廊建设规划期限应与上位规划及相关专项规划一致，原则上5年进行一次修订，或根据上位规划及相关专项规划和重要地下管线规划的修编及时调整。

6.6　规划范围

综合管廊建设规划范围应与上位规划及相关专项规划保持一致。

6.7　规划方法

编制综合管廊建设规划可遵循以下技术路线：

（1）依据上位规划及相关专项规划，合理确定规划范围、规划期限、规划目标、指导思想、基本原则。

（2）开展现状调查，通过资料收集、相关单位调研、现场踏勘等，了解规划范围内的现状及需求。

（3）确定系统布局方案。主要包括：

① 根据规划建设区现状、用地规划、各类管线专项规划、道路规划、地下空间规划、轨道交通规划及重点建设项目等，拟定综合管廊系统布局初始方案。

② 对相关道路、城市开放空间、地下空间的可利用条件进行分析，并与各类管线专项规划相协调，分析系统布局初始方案的可行性及合理性，确定综合管廊系统布局方案，提出相关专项规划调整建议。

③ 根据城市近期发展需求，如新区开发和老城改造等，可随轨道交通建设、随道路新（改、扩）建、随地下管线新（改、扩）建及结合架空线入地等重点项目建设计划，简称"三随一结合"，根据以上条件动态规划综合管廊布局，确定综合管廊近期建设方案。

（4）分析综合管廊建设区域内现状及规划管线情况，并征求管线单位意见，进行入廊管线分析。

（5）结合入廊管线分析，优化综合管廊系统布局方案，确定综合管廊断面选型、三维控制线、重要节点、监控中心及各类口部、附属设施、安全及防灾、建设时序、投资估算等规划内容。

（6）提出综合管廊建设规划实施保障措施。具体技术路线如图6.7–1所示。

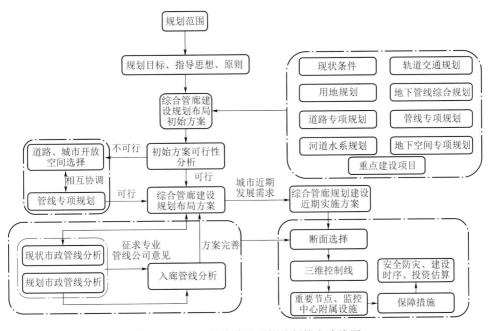

图 6.7–1　综合管廊建设规划编制技术路线图

6.8　现状调查

编制综合管廊建设规划应注重现状调查。现状调查主要工作内容包括资料收集、相关单位调研以及规划区域实地踏勘。

（1）资料收集主要收集以下资料：

① 城市总体规划、控制性详细规划、管线综合规划、各类管线专项规划，以及道路、地下空间、轨道交通、人民防空等上位规划及相关专项规划。

② 城市近期建设规划和重要市政设施近期建设计划。

③ 管线普查及道路网、已建综合管廊等现状地下设施资料。当地经济发展状况、地质勘察、地震和水文资料、地形图等。

（2）相关单位调研主要开展以下调研：

① 对住房和城乡建设、规划、发展改革、财政、城市管理、市政等相关部门调研，了解综合管廊规划建设的实际需求、基础条件，以及综合管廊建设的经

济、技术支撑能力。

② 对管线单位、综合管廊建设及运营管理单位调研，了解各类管线建设现状及规划情况、入廊需求、建设运营情况及设想。

③ 对道路、轨道交通、人民防空、地下空间等相关工程建设管理主管部门进行调研，了解相关工程设施的现状及规划情况，综合管廊与相关设施统筹建设的需求和可行性，以及对综合管廊规划建设的意见建议等。

（3）实地踏勘主要包括：

① 调查现状给水厂、污水处理厂、热电厂、变电站、燃气场站等重要市政设施，核实军用、输油输气、电力、供水、排水等对综合管廊规划建设有较大影响的重要管线设施，避免线位冲突。

② 了解现状道路建设使用及改扩建计划，调查周边交通状况，分析综合管廊建设对交通的影响。

③ 调查现状综合管廊建设路由、断面、埋深、平面位置、入廊管线种类及规模等情况，梳理综合管廊建设和运营的需求及问题。

④ 分析规划范围内的工程地质、水文地质条件，查明不良地质条件所在位置，尤其是地震断裂带位置。

⑤ 通过地形图或现场测量图统计综合管廊规划建设路段沿线现状、建筑情况，调研周边各类管线建设情况，分析综合管廊规划的可行性。

6.9 规划衔接

编制综合管廊建设规划，应做好与相关规划的衔接。

（1）与上位规划及相关专项规划衔接。综合管廊建设规划应依据上位规划及相关专项规划确定的发展目标和空间布局，评价综合管廊建设的可行性，提出综合管廊建设的目标，确定综合管廊系统布局。综合管廊建设规划应与上位规划及相关专项规划中的地下空间规划、各类管线规划、管线综合规划以及道路、轨道交通、人民防空等相关规划的内容充分衔接。

综合管廊建设规划的主要技术内容应纳入上位规划及相关专项规划。上位规划及相关专项规划如发生调整且调整内容影响综合管廊的，需要对综合管廊建设规划做相应调整。

（2）与详细规划衔接。综合管廊建设规划确定的规划目标和规模、建设区域、系统布局、监控中心等技术内容应与详细规划充分协调。依据详细规划对各路段综合管廊进行断面设计，细化三维控制线和重要节点的控制要求，对监控中心进行选址和布置。

详细规划中应包含综合管廊建设规划相应技术内容，统筹各类市政管线，提升规划地块基础设施服务水平。

（3）与地下空间利用相关规划衔接。综合管廊建设规划应与城市地下空间利用规划衔接，促进地下空间科学、有序利用。

城市地下空间利用规划应统筹考虑综合管廊工程相关内容，实现综合管廊与各类地下设施的平面与竖向协调。

（4）与各类管线规划和地下管线综合规划衔接。编制综合管廊建设规划，应结合给水厂、污水处理厂、热电厂、变电站、燃气场站等重要市政场站以及重要市政廊道的布局和需求，合理确定综合管廊路由。与各类管线规划和地下管线综合规划衔接，确定综合管廊平面及竖向位置、入廊管线等内容，并实现与直埋管线系统的衔接和联通。

城市地下管线综合规划应包含综合管廊建设规划相关内容，因地制宜确定不同区域、各类管线的敷设方式，统筹城市不同敷设方式的管线布局。编制或修订各类专业管线规划，应明确管线纳入综合管廊敷设的路段，并依据综合管廊建设规划，优化管网系统布局。

（5）与道路、轨道交通、人民防空等相关规划衔接。编制综合管廊建设规划，应统筹考虑城市道路系统等级划分及其交通量大小、道路横断面规划设计等，确定综合管廊系统布局、断面选型、三维控制线划定、重要节点控制等内容。应结合道路建设和改造时序，合理安排综合管廊建设时序。

编制综合管廊建设规划，应与轨道交通、人民防空等相关规划衔接，研究统筹建设可行性。可同步建设的，应做到同步规划，明确重要节点控制要求；无法同步建设的，应预留建设和发展空间。

（6）对相关规划的反馈。综合管廊建设规划方案确定后，应对相关规划提出优化和调整意见。

6.10 编制内容及技术要点

1. 编制内容

规划编制层级。综合管廊建设规划宜根据城市规模及规划区域的不同，分类型、分层级确定规划内容及深度。

特大及以上规模等级城市，可分市、区两级编制综合管廊建设规划。

市级综合管廊建设规划，应在分析市级重大基础设施、轨道交通设施、重要人民防空设施、重点地下空间开发等现状、规划情况的基础上，提出综合管廊布局原则，确定全市综合管廊系统总体布局方案，形成以干线、支线管廊为主体的、完善的骨干管廊体系，并对各行政分区、城市重点地区或特殊要求地区综合管廊规划建设提出针对性的指引，保障全市综合管廊建设的系统性。

区级综合管廊建设规划是市级综合管廊工程规划在本区内的细化和落实，应结合区域内实际情况对市级综合管廊规划确定的系统布局方案进行优化、补充和完善，增加缆线管廊布局研究，细化各路段综合管廊的入廊管线，以此细化综合管廊断面选型、三维控制线划定、重要节点控制、配套及附属设施建设、安全防灾、建设时序、投资估算、保障措施等规划内容。

大城市及以下城市综合管廊建设规划是否分层级编制，可根据实际情况确定。

城市新区、重要产业园区、集中更新区等城市重点发展区域，根据需要可依据市级和区级综合管廊建设规划，编制片区级综合管廊建设规划，结合功能需求，按建设方案的内容深度要求，细化规划内容。

综合管廊建设规划编制内容主要包括：

（1）分析综合管廊建设实际需求及经济技术等可行性。

（2）明确综合管廊建设的目标和规模。

（3）划定综合管廊建设区域。

（4）统筹衔接地下空间及各类管线相关规划。

（5）考虑城市发展现状和建设需求，科学、合理确定干线管廊、支线管廊、缆线管廊等不同类型综合管廊的系统布局。

（6）确定入廊管线，对综合管廊建设区域内管线入廊的技术、经济可行性进行论证；分析项目同步实施的可行性，确定管线入廊的时序。

（7）根据入廊管线种类及规模、建设方式、预留空间等，确定综合管廊分舱方案、断面形式及控制尺寸。

（8）明确综合管廊及未入廊管线的规划平面位置和竖向控制要求，划定综合管廊三维控制线。

（9）明确综合管廊与道路、轨道交通、地下通道、人民防空及其他设施之间的间距控制要求，制定节点跨越方案。

（10）合理确定监控中心以及吊装口、通风口、人员出入口等各类口部配置原则和要求，并与周边环境相协调。

（11）明确消防、通风、供电、照明、监控和报警、排水、标识等相关附属设施的配置原则和要求。

（12）明确综合管廊抗震、防火、防洪、防恐等安全及防灾的原则、标准和基本措施。

（13）根据城市发展需要，合理安排综合管廊建设的近、远期时序。明确近期建设项目的建设年份、位置、长度等。

（14）测算规划期内的综合管廊建设资金规模。

（15）提出综合管廊建设规划的实施保障措施及综合管廊运营保障要求。

2．规划可行性分析

根据城市经济发展水平、人口规模、用地保障、道路交通、地下空间利用、各类管线建设及规划、水文地质、气象等情况，科学论证管线敷设方式，分析综合管廊建设可行性，系统说明是否具备建设综合管廊的条件。对位于老城区的近期综合管廊规划项目，应重点分析其可实施性。

从城市发展战略、安全保障要求、建设质量提升、管线统筹建设及管理、地下空间综合开发利用等方面，分析综合管廊建设的必要性，针对城市建设发展问题，分析综合管廊建设实际需求。

3．规划目标和规模

综合管廊建设规划应明确规划期内综合管廊建设的总目标和总规模，明确近、中、远期的分期建设目标和建设规模，以及干线、支线、缆线等不同类型综合管廊规划目标和规模。

规划目标应秉承科学、合理、可实施的原则，综合考虑城市需求和发展特点，因地制宜予以确定。

依据系统布局规划方案，统计综合管廊规划总规模。结合新区开发、老城改造、棚户区改造、道路改造、河道治理、管线改造、轨道交通建设、人民防空建设和地下综合体建设等时机，合理确定不同时期的建设规模。

4．建设区域

综合管廊建设规划应合理确定综合管廊建设区域。建设区域分为优先建设区和一般建设区。城市新区、更新区、重点建设区、地下空间综合开发区和重要交通枢纽等区域为优先建设区域。其他区域为一般建设区域。

综合管廊建设宜结合道路新（改、扩）建、轨道交通建设、重大市政管线更新、功能区及老旧小区改造、架空线入地等开展。

5．系统布局

综合管廊建设规划应根据城市功能分区、空间布局、土地使用、开发建设等，结合管线敷设需求及道路布局，确定综合管廊的系统布局和类型等。

综合管廊系统布局应综合考虑不同路由建设综合管廊的经济性、社会性和其他综合效益。综合管廊系统布局应重点考虑对城市交通和景观影响较大的道路，以及有市政主干管线运行保障、解决地下空间管位紧张、与地铁、人民防空、地下空间综合体及其他地下市政设施等统筹建设的路段。管线需要集中穿越江、河、沟、渠、铁路或高速公路时，宜优先采用综合管廊方式建设。

干线管廊宜在规划范围内选取具有较强贯通性和传输性的建设路由布局。如结合轨道交通、主干道路、高压电力廊道、供给主干管线等的新（改、扩）建工程进行布局。

支线管廊宜在重点片区、城市更新区、商务核心区、地下空间重点开发区、交通枢纽、重点片区道路、重大管线位置等区域，选择服务性较强的路由布局，并根据城市用地布局考虑与干线管廊系统的关联性。

缆线管廊一般应结合城市电力、通信管线的规划建设进行布局。缆线管廊建设适用于以下情况：

（1）城市新区及具有架空线入地要求的老城改造区域。

（2）城市工业园区、交通枢纽、发电厂、变电站、通信局等电力、通信管线进出线较多、接线较复杂，但尚未达到支线管廊入廊管线规模的区域。

综合管廊系统布局应从全市层面统筹考虑，在满足各区域综合管廊建设需求的同时，应注重不同建设区域综合管廊之间、综合管廊与管网之间的关联性、系统性。

综合管廊系统布局应在满足实际规划建设需求和运营管理要求的前提下，适度考虑干线、支线和缆线管廊的网络连通，保证综合管廊系统区域完整性。

综合管廊系统布局应与沿线既有或规划地下设施的空间统筹布局和结构衔接，处理好综合管廊与重力流管线或其他直埋管线的空间关系。

6. 管线入廊分析

供水、雨水、污水、再生水、天然气、热力、电力、通信等城市工程管线可纳入综合管廊。

管线入廊时序的确定应统筹考虑综合管廊建设区域道路、供水、排水、电力、通信、广播电视、燃气、热力、垃圾气力收集等工程管线建设规划和新（改、扩）建计划，以及轨道交通、人民防空、其他重大工程等建设计划，分析项目同步实施的可行性。

入廊管线的确定应考虑综合管廊建设区域工程管线的现状、周边建筑设施现状、工程实施征地拆迁及交通组织等因素，结合社会经济发展状况和水文地质等自然条件，分析工程安全、技术、经济及运行维护等因素。

供水管线入廊主要分析入廊需求，管线敷设、检修和扩容的需求等。

（1）根据供水专项规划和管线综合规划，应优先将输配水给水干线纳入综合管廊。

（2）管径超过DN1200的输水管线入廊，需进行经济技术比较研究。

排水管线入廊主要分析排水相关规划、高程系统条件、地势坡度、管线过流能力、支线数量、配套设施、施工工法、安全性及经济性，及入廊后对现状管线系统的影响等。

雨水管渠、污水管道规划设计应符合《室外排水设计标准》GB 50014—2021等标准规范的有关规定。

污水管道入廊，需在廊内配套硫化氢和甲烷气体监测与防护设备。

雨水、污水管道的检查及清通设施应满足管道安装、检修、运行和维护的要求。重力流管道同时应考虑外部排水系统水位及冲击负荷变化等对综合管廊内管道运行安全的影响，并考虑雨、污水舱与其他舱室关系。

利用综合管廊结构本体排除雨水时，雨水舱应加强廊体防渗漏措施。

电力、通信管线入廊主要分析电压等级、电力和通信管线种类及数量、入廊需求、管线敷设、检修和扩容需求、保障城市生命线运行安全需求、对城市景观的影响等。

热力管线入廊应综合分析城市集中供热系统现状，具体包括：热水管道、蒸汽管道及凝结水管道的建设及应用情况；近5年城镇热力事故分析，并需要对蒸汽管道事故进行重点描述及分析；热源厂规划、管网规划，尤其是热力主干管线的规划情况。

根据供热相关专项规划，应将供热主干管道纳入综合管廊，并考虑尽量减少分支口；DN1200及以上规格管径的供热管道入廊需进行安全性、经济性分析。

热力管道入廊还应考虑热力管道介质种类（热水、蒸汽）、管径、压力等级、管道数量、管道敷设、检修和扩容、运行安全等需求，以及对城市景观、地下空间、道路交通的影响，综合分析含热力舱的综合管廊建设效益。

燃气管线入廊应综合分析城镇燃气系统现状，具体包括：城市气源条件；输配系统现状，需说明系统组成及系统特点；燃气管网规划，特别是城市主干燃气管线的规划情况；近5年城市燃气事故分析。

根据燃气相关专项规划，宜将燃气输配主干管道纳入综合管廊，并尽量减少分支口；入廊燃气管道设计压力不宜大于1.6MPa，大于1.6MPa燃气管道入廊需要进行安全论证。

燃气管道入廊还应结合入廊燃气管道的管径、压力等级、管道数量、管道敷设、检修和扩容、运行安全、用地条件等因素，提出含燃气舱室以及燃气管道配套设施的有关要求，考虑对城市景观、地下空间、道路交通的影响等，综合分析含燃气舱室的综合管廊建设效益。

其他管线入廊，如再生水管、区域空调管线及气力垃圾输送管道等，主要分析入廊需求、管线规模、运营管理、经济效益等。

7. 综合管廊断面选型

综合管廊建设规划应根据入廊管线种类及规模、建设方式、预留空间，以及地下空间、周边地块、工程风险点等，合理确定综合管廊分舱、断面形式及控制尺寸。

综合管廊断面选型应遵循集约原则，并为未来发展适度预留空间。

综合管廊断面尺寸应满足现行《城市综合管廊工程技术规范》GB 50838 等相关标准规范的规定，并考虑以下因素：

（1）应满足入廊管线安装、检修、维护作业及管线更新等所需要的空间要求，以及照明、通风、排水等设施所需空间。

（2）各类口部的结构形式。

（3）道路及相邻的地下空间、轨道交通等现状或规划条件。

（4）现状地下建（构）筑物及周围建筑物等条件。

（5）舱室布置。应综合考虑综合管廊空间、入廊管线种类及规模、管线相容性以及周边用地功能和建设用地条件等因素，对综合管廊舱室进行合理布置。从运营角度考虑宜尽量整合舱室。建设条件受限时，多舱综合管廊可采用双层或多层布置形式，各个舱室的位置应考虑各种管线的安装敷设及运行安全需求。当舱室采用上下层布置时，燃气舱宜位于上层。

（6）断面形式。采用明挖现浇施工时宜采用矩形断面；采用明挖预制施工时宜采用矩形、圆形或类圆形断面；采用盾构施工时宜采用圆形断面；采用顶管施工时宜采用圆形或矩形断面；采用暗挖施工时宜采用马蹄形断面。

（7）干线管廊断面布置。一般位于道路机动车道或绿化带下方，主要容纳城市工程主干管线，向支线管廊提供配送服务，不直接服务于两侧地块，一般根据管线种类设置分舱，覆土较深，如图6.10-1~图6.10-3所示。

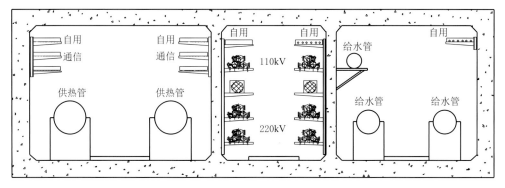

图 6.10-1 干线管廊断面示意图一

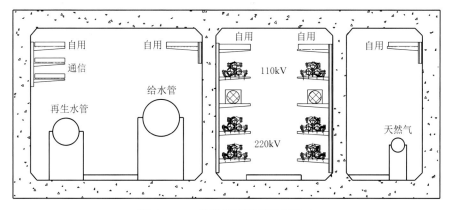

图 6.10-2 干线管廊断面示意图二

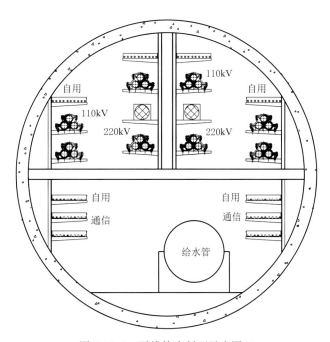

图 6.10-3 干线管廊断面示意图三

（8）支线管廊断面布置。一般位于道路非机动车道、人行道或绿化带下方，主要容纳城市工程配给管线，包括中压电力管线、通信管线、配水管线及供热支管等，主要为沿线地块或用户提供供给服务，一般为单舱或双舱断面形式，如图6.10-4、图6.10-5所示。

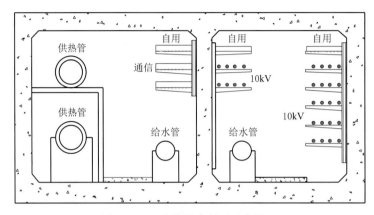

图 6.10-4　支线管廊断面示意图一

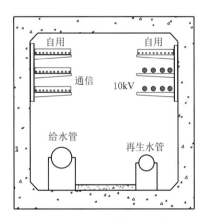

图 6.10-5　支线管廊断面示意图二

（9）小型管廊断面布置。用于容纳小规模中低压电力电缆、通信线缆、给水配水管道、再生水配水管道等，主要服务末端用户，其内部空间可不考虑人员正常通行的要求，不设置常规电气、机械通风等附属设施的管廊。小型综合管廊应结合城市更新、道路新（扩、改）建、轨道交通建设等，在城市重要地段、管线密集区规划建设。

（10）缆线管廊断面布置。一般位于道路的人行道或绿化带下方，主要容纳中低压电力、通信、广播电视、照明等管线，主要为沿线地块或用户提供供给服务。可以选用盖板沟槽或组合排管两种断面形式。采用盖板沟槽形式的，断面净高一般在1.6m以内，不设置通风、照明等附属设施，不考虑人员在内部通行。安装更换管线时，应将盖板打开，或在操作工井内完成。

8. 三维控制线划定

三维控制线划定应明确综合管廊的平面位置和竖向控制要求，引导综合管廊工程设计和地下空间管控与预留。

综合管廊规划设计条件应确定综合管廊在道路下的平面位置以及与轨道交通、地下空间、人民防空及其他地下工程的平面和竖向间距控制要求。

综合管廊平面线形宜与所在道路平面线形保持一致，平面位置应与河道、轨道、桥梁以及地下空间建筑物的桩、柱、基础的平面位置相协调。

干线管廊宜结合道路断面布置于机动车道或道路绿化带下方。对于有较宽中央绿化带的主干道，可布置于中央绿化带下方。

支线管廊宜结合道路断面布置于道路绿化带、人行道或非机动车道下方。

缆线管廊和小型综合管廊宜布置在人行道下方。

综合管廊与外部工程管线的最小水平净距应符合现行《城市工程管线综合规划规范》GB 50289 的有关规定；与邻近建（构）筑物的间距应满足施工及基础安全间距要求。

综合管廊竖向控制应合理确定综合管廊的覆土深度、竖向间距和交叉避让控制要求。

（1）覆土深度。应根据当地水文地质条件、地下设施竖向规划、行车荷载、绿化种植、冻土深度、管廊施工方式等因素综合确定。

（2）竖向间距。规划综合管廊需考虑避让地下空间、规划河道、规划轨道交通及横向交叉管线。同时应符合现行《城市工程管线综合规划规范》GB 50289 的有关要求。

（3）交叉避让。与非重力流管线交叉，非重力流管线避让综合管廊。与重力流管线交叉，应根据实际情况，经过经济技术比较后确定解决方案。穿越河道时，综合管廊一般从河道下部穿越，对河床较深的地区可采取从河道上部跨越，经济技术比较后确定解决方案。

9. 重要节点控制

综合管廊建设规划应明确综合管廊与道路、轨道交通、地下通道、人民防空及其他设施之间的间距控制要求。提出综合管廊保护区域范围及基础性的保护要求。

综合管廊与道路交叉，应整体考虑工程规划建设方案，在规划有地下交通廊道的区域，综合管廊可与地下交通廊道相结合。

综合管廊与轨道交通交叉，应根据施工区域地质条件、施工工法、相邻设施性质及有关标准规范要求等，合理确定控制间距。与新建轨道交通车站、区间交叉时，宜优先结构共构或共享施工场地；与已运行的轨道交通车站、区间交叉时，须进行安全性评估等工作，以避免对既有轨道交通造成不利影响。

当综合管廊兼具人民防空功能要求时，应会同人民防空主管部门，明确功能定位、技术标准。因地制宜增设连通口，使综合管廊成为联系周边地块人民防空工程的联络通道。

综合管廊与地下综合体衔接，应分析相关规划中地下空间的功能定位、重点建设区域、地下分层功能设置要求等。与新建地下综合体衔接，宜采用共构或共用施工场地等实施；与已建地下综合体衔接，应评价地下空间结构安全要求，采取保护措施穿越或避让。

综合管廊与铁路交叉宜垂直穿越，受条件限制时可斜向穿越，最小交叉角不宜小于60°。综合管廊人员出入口、逃生口、吊装口、通风口及管线分支口等不宜设置在铁路安全保护区内。综合管廊与铁路基础之间的净距应符合现行《城市工程管线综合规划规范》GB 50289、《公路与市政工程下穿高速铁路技术规程》TB 10182等标准规范的有关规定。

综合管廊与河道交叉宜垂直穿越，受条件限制时可斜向穿越，最小交叉角不宜小于60°。综合管廊顶部高程应符合现行《城市综合管廊工程技术规范》GB 50838的有关规定。

综合管廊与重力流管线交叉，应根据实际情况，经过经济技术比较后确定解决方案。如需综合管廊避让重力流管线，应对既有管线采取保护措施，并满足安全施工要求。

10．监控中心及各类口部

综合管廊建设规划应合理确定监控中心、吊装口、通风口、人员出入口等各类口部的规模、用地和建设标准。

监控中心及各类口部应与综合管廊主体构筑物同步规划，充分利用综合管廊主体构筑物周围地下空间，提高土地使用效率。

监控中心及各类口部应与邻近地下空间、道路及景观相协调。

监控中心规划要点如下：

（1）监控中心设置应满足综合管廊运行管理、城市管理、应急管理的需要。

监控中心应设置在安全地带，并满足安全与防灾要求。

（2）监控中心应结合综合管廊系统布局、分区域建设规划进行设置。当城市规划建设多区域综合管廊时，宜建立市级、组团级两级管理机制。

特大及以上规模城市可增设区级监控中心，形成市级、区级、组团级三级监控中心的管理模式。

（3）按照建设时序，有近期综合管廊建设项目的片区，监控中心应在近期建设，并应预留发展空间，满足本区域远期的监控要求。

（4）监控中心宜与邻近公共建筑合用。

各类口部规划要点如下：

（1）综合管廊每个舱室均应规划建设人员出入口、逃生口、吊装口、通风口等口部。

（2）各类出地面口部宜集中复合设置，以便管理和减少对环境景观的影响。

（3）各类出地面口部的设置应符合现行《城市综合管廊工程技术规范》GB 50838的有关规定。

（4）逃生口应布置在绿化带或人行道范围内，其他孔口应布置在绿化带、人行道或非机动车道内。各类口部露出地面部分应与环境景观协调，同时不得影响交通通行。

（5）综合管廊分支口布局应结合管线入廊需求、各地块管线接入需求、道路布局等统筹设置。

11. 附属设施

综合管廊建设规划应明确消防、通风、供电、照明、监控和报警、排水、标识等相关附属设施的配置原则和要求。

附属设施配置应注重近、远期结合，结合已建、在建综合管廊附属设施设置情况，保证近期建设综合管廊的使用以及远期综合管廊附属系统的完整性。

附属设施配置应符合现行《城市综合管廊工程技术规范》GB 50838的有关规定。

消防设施规划要点如下：

（1）综合管廊主体结构、各舱室分隔墙、内装修材料、防火分隔应符合现行《城市综合管廊工程技术规范》GB 50838的有关规定。

（2）综合管廊舱室内含有两类及以上管线时，舱室火灾危险性类别应按火灾危险性较大的管线确定。

（3）热力管道舱、容纳电力电缆舱及燃气管道舱人员逃生口及消防措施设置，应结合城市景观、施工工法、安全影响等确定，对于较长距离区间应进行可行性论证。

通风设施规划要点如下：

（1）综合管廊通风方式及通风系统设置应根据综合管廊建设规模、平面位置及周边环境关系，经过经济技术比较后确定。

（2）通风区间应考虑城市景观、施工工法、周边环境、投资及运行维护经济性要求，经综合比较后确定。

（3）通风设备、风量计算与通风系统控制及运行模式应符合现行《城市综合管廊工程技术规范》GB 50838 的有关规定。

供电设施规划要点如下：

（1）供电设施规划主要包括预测用电负荷，确定变配电所位置等。

（2）综合管廊供配电系统方案、电源供电电压、供电点、供电回路数、容量等应依据综合管廊建设规模、周边电源情况、综合管廊运行管理模式，经济技术比较后确定。

（3）连片布局或长距离综合管廊宜按供电服务半径不超过 1000m 划分 10（20）/0.4kV 供电分区，并在负荷中心设置变电所。

（4）综合管廊分区变电所可根据当地供电部门规定采用集中供电模式或多点就地供电模式。

（5）当采用集中供电模式时，综合管廊中压配电所向分区变电所配电，10（20）kV 供电服务半径不宜超过 8（10）km。

（6）综合管廊变配电所宜结合综合管廊主体结构设置，并应有通道连通。地面街道用地紧张、景观要求高、易受台风侵袭等地区，综合管廊变配电所宜考虑与周边景观协调，并应做好防洪措施。

照明设施规划要点如下：

（1）综合管廊内的照度、灯具、导线等应符合现行《城市综合管廊工程技术规范》GB 50838 的有关规定。

（2）综合管廊内应设正常照明和应急照明。

监控和报警设施规划要点如下：

（1）综合管廊监控与报警系统应设置环境与设备监控系统、安全防范系统、通信系统、预警与报警系统和统一管理平台。预警与报警系统应根据所纳入管线的种类设置火灾自动报警系统、可燃气体探测报警系统。

（2）监控与报警系统的架构、系统配置应根据综合管廊的建设规模、纳入管线的种类、综合管廊运行维护管理模式等确定。

（3）监控与报警系统应根据综合管廊运行管理需求，预留与各专业管线配套检测设备、控制执行机构或专业管线监控系统联通的信号传输接口。

排水设施规划要点如下：

（1）综合管廊内宜设置清扫冲洗水系统及自动排水系统。每个排水分区至少设置1处冲洗水点。

（2）综合管廊内废水主要包括综合管廊清扫冲洗水、消防排水、结构渗透水、管道维护的放空水、各出入口溅入的雨水等，宜经沉淀等初步处理后排入城市排水系统。

（3）综合管廊的排水分区不宜跨越防火分区。确需跨越，应提出有效的阻火防烟措施。燃气管道舱不应与其他舱室合并设置排水系统，排水系统压力释放井也应单独设置。

标识规划要点如下：

（1）标识类型应包括导向标识、功能管理标识、专业管道标识、警示禁止标识、设备提示标识等。

（2）应明确各类标识设置原则、安装位置等规划要求，保证综合管廊功能使用要求。

12. 安全防灾

应根据城市抗震设防等级、防洪排涝要求、安全防恐等级、人民防空等级等要求，结合自然灾害因素分析提出综合管廊抗震、消防、防洪排涝、安全防恐、人民防空等安全防灾的原则、标准和基本措施，并考虑紧急情况下的应急响应措施。

抗震方面应根据地区地震动峰值加速度明确结构抗震等级要求。地震时可能发生滑坡、崩塌、地陷、地裂、泥石流等地段及发育断层带上可能发生地表错位的部位严禁建设综合管廊。

消防方面应明确综合管廊火灾防控的安全管理体系，特别是火灾应急处置体系建立要求及重点措施。

防洪排涝方面应确定综合管廊的人员出入口、进风口、吊装口等露出地面的构筑物的防洪排涝标准。露出地面的构筑物应避免设置在地形低洼凹陷区，构筑物周边应根据地形考虑截水设施。应考虑综合管廊的出入口、通风口、吊装口高程同区域地形高程关系，防止区域低点的综合管廊相关口部被雨水淹没。

安全防恐方面应结合城市安全防恐风险评估体系和安全规划，明确防恐设防对象、设防等级等技术标准。

人民防空方面应结合当地实际，对综合管廊兼顾人民防空需求进行规划分析。综合管廊需兼顾人民防空需求的，应明确设防对象、设防等级等技术标准。

13．建设时序

应根据城市发展需要，合理安排综合管廊建设的近、中、远期时序。

应综合考虑城市市政基础设施存在问题、现状实施条件和城市建设计划等因素，确定近期建设项目，一般以 5 年为宜。明确近期建设项目的年份、位置、长度、断面形式、建设标准等，达到可以指导工程实施的深度要求。

应根据城市中远期发展和建设计划，确定中远期建设综合管廊项目的位置、长度等。

14．投资估算

投资估算应明确规划期内综合管廊建设资金总规模及分期规划综合管廊建设资金规模，近期规划综合管廊项目需按路段明确投资规模。

应具体说明投资估算编制所依据的标准规范、有关文件，以及使用的定额和各项费用取定的依据及编制方法等。

可参照《市政工程投资估算编制办法》《城市地下综合管廊工程投资估算指标》ZYA1-12（11）—2018测算规划综合管廊项目工程所需建设资金。

15．保障措施

保障措施应提出组织、制度、资金、管理、技术等方面的措施和建议，以保障规划有效实施。

组织保障应提出保障综合管廊工程实施的组织领导、管理体制、工作机制等措施建议。

制度保障应提出保障综合管廊规划建设管理的地方性法规、规章制度、政策文件、标准规范等措施建议。

资金保障应依据规划期内综合管廊投资估算，结合城市经济总量、运营管理基础条件等特征，以科学合理的收费机制为前提，提出建议选择的综合管廊投融资模式，形成与收费机制相协调的、多元化的融资格局。

管理保障应提出保障综合管廊运营维护和安全管理需要的管理模式、标准、安全运营制度等措施建议。

技术保障应依据规划综合管廊系统布局，结合规划范围实际情况，提出推荐采取的综合管廊施工工艺和技术。

6.11 编制成果

综合管廊建设规划编制成果由文本、图纸与附件组成。成果形式包含纸质成果和电子文件。

1. 文本

文本应以条文方式表述规划结论，内容明确简练，具有指导性和可操作性。

文本应包括以下内容：

（1）总则；

（2）规划可行性分析；

（3）规划目标和规模；

（4）建设区域；

（5）规划统筹；

（6）系统布局；

（7）管线入廊分析；

（8）综合管廊断面选型；

（9）三维控制线划定；

（10）重要节点控制；

（11）监控中心及各类口部；

（12）附属设施；

（13）安全防灾；

（14）建设时序；

（15）投资估算；

（16）保障措施。

特大及以上城市的市级综合管廊建设规划文本，可根据规划重点内容，适当简化（8）~（12）部分内容。

2. 图纸

图纸应能清晰、规范地表达相关规划内容。

主要应绘制以下图纸：

（1）综合管廊建设区域范围图，应表达规划范围、四周边界、内部分区范围。

（2）综合管廊建设区域现状图，应表达与国土空间规划保持一致的土地利用现状及现状综合管廊位置、类型等。

（3）管线综合规划图，应以规划道路为基础，表达各类主干管线的敷设路由。

（4）综合管廊系统规划图，应表达干线、支线管廊及缆线管廊的位置、市政能源站点的位置、综合管廊监控中心的位置及规模等。

（5）综合管廊断面示意图，应表达综合管廊标准断面布置，尤其是近期建设项目标准断面设计方案。标注所在的路段名称及范围，内部管线规格、数量，预留管线布置等。

（6）三维控制线划定图，应表达规划的综合管廊所在道路、周边直埋管线、综合管廊的水平和竖向断面图，并标注所在的路段名称及范围。

随道路建设综合管廊，图纸应表达道路横断面详细布置及尺寸；综合管廊在道路横断面的位置及控制深度；未入廊管线在横断面布置及控制深度；道路两侧重要规划或既有设施位置关系。

与轨道交通统筹建设综合管廊，图纸应表达轨道交通断面布置；综合管廊与轨道交通位置关系。

与地下空间开发统筹建设综合管廊，图纸应表达地下空间的断面布置；综合管廊与地下空间设施的空间位置关系等。

（7）重要节点竖向控制及三维示意图，应表达重要的综合管廊之间、综合管廊与地下空间、综合管廊与轨道交通、综合管廊与河道等设施的穿越节点的关系。

（8）综合管廊分期建设规划图，应表达综合管廊的近、远期的建设范围、位置以及相关附属设施布置。

图纸还可包含分析图和背景图，以增加规划成果的全面性和实用性。

特大及以上城市的市级综合管廊建设规划，可根据重点内容，适当精简综合管廊断面、三维控制线、重要节点等图纸。

3．附件

附件包括规划说明书、专题研究报告、基础资料汇编等。

规划说明书应与文本条文相对应，对文本做出详细说明。

专题研究报告应结合城市特点，体现针对性，增强规划的科学性和可操作性。

基础资料汇编应包括规划涉及的相关基础资料。

7　勘察

综合管廊勘察应根据工程建设不同阶段的要求，查明拟建场地的工程地质、水文地质条件，为设计提供地质依据。勘察时应依据拟建场地的地质情况和综合管廊项目特点，综合运用地质调绘、勘探（钻探、井探、洞探、槽探）、物探、原位测试、室内试验等勘察方法，查明工程地质、水文地质条件和不良地质作用。勘察数据应真实、准确、可靠，勘察成果应满足规范要求、内容完善、结构完整、评价合理，建议可行。

7.1 管廊勘察目的和任务

（1）查明综合管廊工程范围内岩土层的类型、深度、分布、工程特性和变化规律，分析和评价地基的稳定性、均匀性和承载力；应对基础形式、地基处理、基坑支护、降水和不良地质防治等提出建议；

（2）查明地质构造、不良地质作用（地震液化、活动断裂等）及工程地质特性；

（3）查明埋藏的河道、沟滨、墓穴、防空洞、孤石等对工程不利的埋藏物，论证对地基基础稳定性的影响程度，并提出计算参数及整治措施的建议；

（4）测试岩土的物理力学特性，提供地基土的承载力参数、桩周土摩阻力标准值（如需要）、黏聚力、内摩擦角、压缩模量、静止侧压力系数、岩石饱和单轴抗压强度（如需要）等，做出工程地质评价；

（5）查明地表水及地下水情况，提供抗浮设防水位，判定地下水和地基土对建筑材料的腐蚀性；

（6）如遇特殊性岩土场地（软土、湿陷性黄土、膨胀土、岩溶及其他），查明特殊性岩土层的时代、成因、厚度；提供相关特殊岩土试验参数、变形参数和承载力；提出合理的、符合区域性常规方法的地基处理建议；

（7）提供地震基本烈度，划分场地土类型、场地类别，判定场地和地基的地震效应，对场地土进行液化判别，对场地的稳定性和适宜性做出评价；

（8）查明管廊周边原有地下构筑物及管线，提供其平面位置、结构形式、埋深等；

（9）提出工程设计和施工时应注意的问题，提出本工程施工和使用期间可能发生的岩土工程问题的预防措施建议；

（10）提出工程设计和施工时应注意的问题，提出本工程施工和使用期间可能发生的岩土工程问题的预测和监控及预防措施的建议。

7.2 管廊勘察策划

1. 资料搜集

勘察前应取得拟建管廊工程的设计资料，搜集与管廊工程相关的地质资料和环境资料，应搜集的资料有：管廊平面图、横纵断面图、地形图、控制点坐标、勘察技术委托书、现有地下管线资料、相关的国家、行业、地方勘察规范标准、法律法规、勘察合同文件等。

2. 地下管线探测

管廊施工范围内地下管线情况复杂，缺少相应管线资料时，应策划进行地下管线探测，整合各类专业管线管理部门已有的管线资料和相关的管理信息，通过现场调查、管线信息采集、地理统计分析等技术手段，对各类管线要素进行空间化、定量化和属性化的探测，掌握地下管线的现状信息，对综合管廊的施工开挖进行辅助定点，查明已有地下管线位置，并为后续施工提供管线定位的依据。

3. 现场踏勘

主要踏勘内容有：

（1）综合管廊线路位置、地形地貌，管廊附属构筑物位置及占地情况。

（2）场地范围内道路交通情况，是否便于钻探进场，需采取哪些安全措施。

（3）场地内是否有需要征地拆迁才能进场施工的情况，对于管廊在耕地、林地、道路两侧等位置时要了解勘察进场施工可能涉及协调哪些部门。

（4）对于管廊穿越公路、铁路时，可能采用顶管等非开挖方式时，钻孔位置地下管线情况要进行详细调查，踏勘时对地面管线标识、管线井进行调查，特别是危险性较大的电力、燃气、石油化工、电信光缆、高压管道等加以注意。

（5）调查管廊沿线地形、地貌，对地形变化大的地段进行标记，沿线坑、塘、沟渠、河道等位置，沿线可能存在的大面积较深填土、软土情况。

（6）了解沿线地质、地表水、地下水情况。

4. 勘察纲要

勘察纲要是在完成资料搜集和现场踏勘之后，综合考虑合同要求、技术标准、质量、进度、安全、环境保护及人员设备资源等多方面的情况下制定的工作方案，必须要经过勘察项目负责人审核批准后方可实施。

勘察纲要应包括的内容有：

（1）综合管廊工程概况：综合管廊规模、范围、起止点位置及里程、结构形式、长度、宽度、基础埋深、工程重要性等级、管廊设计标高、预估荷载要求等。

（2）拟建场地环境、工程地质条件、附近参考地质资料（如有）：包括拟建场地地形地貌，周围建筑、地下管线及影响勘察施工安全的其他环境因素，区域地质条件及同类工程的地质参考资料。

（3）勘察目的、任务要求及需解决的主要技术问题：勘察纲要中应依据技术委托书、勘察规范等明确管廊勘察的目的和任务，在管廊工程中涉及特殊性岩土或不良地质作用勘察时，应明确相关的勘察技术要求。

（4）执行的技术标准：管廊勘察主要现行技术标准有《岩土工程勘察规范》GB 50021、《工程勘察通用规范》GB 55017、《市政工程勘察规范》CJJ 56、《城市综合管廊工程技术规范》GB 50838等。

（5）选用的勘探方法：综合管廊勘察以钻探、取样、原位测试、室内试验等勘察方法为主，存在湿陷性黄土、岩溶等复杂地质条件时，辅以井探、槽探、物探等勘探手段。

（6）勘察工作布置：勘察点宜沿管廊外侧交错布置，当管廊地基主要受力层或有影响的下卧层起伏较大时，应加密勘探点，查明起伏变化。控制性勘探点应占勘探点总数的1/3~1/2，应均匀布置，当分布有填土、软土和可液化土层等特殊性土层时，勘探钻孔应适当加深加密。

（7）勘探完成后的现场处理：对已施工完成（含试验、测试等）的钻孔或探坑，除需要进行水位观测等特殊要求的钻孔、探井外，应及时回填并平整场地，暂时需保留的钻孔、探井应设置防护装置。

（8）拟采取的质量控制、安全保证和环境保护措施：质量、安全、环境保护均应在完成现场踏勘的基础上，结合项目的勘察技术要求、现场施工条件和环境条件制定具有针对性的办法和措施。

（9）拟投入的仪器设备、人员安排、勘察进度计划等；拟投入的人员、仪器设备应满足技术要求和进度计划的需要，勘察进度计划应满足项目总体工期计划要求。

（10）勘察安全、技术交底及验槽等后期技术服务。

（11）拟建工程勘探点平面布置图。勘探点平面布置图是勘察方案的主要技术内容，应体现勘察钻孔位置、间距、深度、数量、钻孔性质等信息。

7.3　管廊勘察实施

1. 勘探点测放

勘探孔位要用专门测量仪器放孔，并测量孔口高程、坐标，精度符合相关规范规程要求，因场地条件或其他原因移动钻孔位置时，勘探完成后应对实际钻孔进行勘探点复测。

2. 勘探

（1）勘探前应进行危险源识别，针对地下管线、地下构筑物及架空电力线路等制定安全保证措施，在危岩、崩塌、泥石流等不良地质发育的场地勘探前应对不良地质体进行监测，发现危及作业人员和设备安全的异常情况时，<u>应立即停止作业并撤至安全地点</u>。

（2）管线探查。

① 现场调查：主要针对明显管线点（包括接线箱、变压箱、变压器、消火栓、人孔井、阀门井、窨井、仪表井等附属设施）进行的，实地调查中应邀请管线权属单位的管线管理人员、管线的规划、设计、施工人员和当地居民等熟悉管线情况的人员协助。

② 电磁法：是探测金属管线及带有金属骨架管线的有效方法，也可采用示踪电磁法探测有出入口的非金属管道。

③ 电磁波法：用于探测非金属管线和复杂地段的管线及疑难点。

④ 机械法：主要用于验证其他方法的准确度。

管线探测应遵循从已知到未知、从简单到复杂的原则，优先选用有效、快速、轻便的探测方法，复杂条件下宜采用综合方法。

管线探测工作应采用电磁波频率范围宽、性能稳定、分辨率高的仪器进行探测。常用探测设备有 LD6000 管线探测仪、GL600 地下定位导向仪、瑞典 RMAC 探地雷达、DZQ24 型高分辨地震仪、管道潜望镜等。

（3）勘探和取样方法应根据岩土样质量级别要求和岩土性质确定。

（4）工程地质钻探。

目的在于查清地基岩土的名称、状态、分层界限，为获得原状土试样和进行标准贯入试验。

① 选用合适型号的钻机，按取样、测试需要每回次进尺不大于 2m，若遇软弱夹层或基岩破碎带，则回次进尺 1m 左右，以确保岩芯采集和岩土分层精度（低于 ±5cm）。用钻机开孔之后，对可能存在地下管线的钻孔，各机台必须经现场安全管理人员确认无管线后，才可用钻机钻进。

② 孔位：按设计孔位，采用全站仪和 GPS 定位并测量其高程。检查是否严格按测量人员测放的孔位施工，且不得擅自移动孔位。

③ 孔深：按设计孔深终孔原则实施，遇软土、破碎岩、岩溶加大孔深。终孔一钻必须取上岩芯。为确保取样、测试质量，孔底必须干净、无浮土。

④ 孔径：为确保原状土和岩石样品的采集，终孔口径不得小于 $\phi 108$。

⑤ 岩芯采取率：黏性土、完整和较完整岩体不低于 85%，砂层、较破碎和破碎岩体不低于 65%。对软弱夹层采用双层岩芯管连续取芯；每个工点选择

2~4个孔，采用75mm口径双层岩芯管和金刚石钻头钻进，以确定岩石质量指标（RQD）。

⑥ 孔斜：为提高岩土层位评价精度，提高构造分析的准确性，同时减少施工的困难与复杂性，施工中要确保钻孔垂直度，波速测试钻孔的孔斜不超过1°。

⑦ 孔深校正：钻孔深度测量必须准确，丈量机上余尺的基准点要固定，采用钢卷尺丈量钻具，终孔需进行孔深校正。水域钻孔同时观测水位变化，校正钻孔深度。

⑧ 在钻探过程中，如遇不明障碍物，钻机出现异常情况，必须立即停机并通知现场管理人员或技术人员，在取得同意后，并不违背技术要求的前提下，挪动孔位。重新探测（仪器探测、人工探测）和调查后，方可开钻。

⑨ 在软土或砂土钻探时，如有缩孔、塌孔等异常现象，应立即做好详细、准确的记录，并采取适合的护壁措施。记录的内容有：缩孔、塌孔起止位置深度、严重程度等。

⑩ 每个钻孔都必须测定地下水的初见水位和稳定水位，包括水上钻孔。

⑪ 岩芯按箱摆放整齐，并覆盖彩条布遮挡，严禁岩芯暴露在空气中日晒雨淋。未经现场技术人员编录、拍照的岩芯必须按序摆放在不影响行人、车辆行走的地方。

⑫ 钻探岩芯经技术人员及有关方面观察拍照后，按现场管理人员或技术人员的要求保留代表性的岩芯，其余经技术人员编录，拍照后的岩芯需装袋放于指定地方。对有特殊地质现象（如断层、破碎带、溶洞等）的钻孔及有代表性的鉴别性岩芯必须保留。

⑬ 对采取原状土样的钻孔（技术孔），土层钻进口径不得小于110mm，钻孔终孔孔径不得小于91mm。原状土样必须使用取土器采取，软土层三轴试验样必须用薄壁取土器采取，土样立即进行胶封并及时封蜡，取样至封蜡之间的时间间隔不得超过2h。岩土样采取封蜡后应放置在阴凉处，岩芯照相时可以空样盒放置于取样处代替。

⑭ 采取率：砂层土采取率不低于65%；淤泥、黏性土层、粉土层采取率不低于80%。

⑮ 回次进尺：一般在黏性土和粉土中钻进时，回次进尺不应超过钻具的有效长度，并不宜超过2.5m；在砂土及碎石土中钻进，应控制进尺和提钻速度，以确保分层与描述要求。当采用双管钻进、能保证有效采取土样时，回次进尺宜控制在1.0~1.5m。

3. 地质编录

地层划分以现场实际地质情况为依据，确定其岩土体时代、成因类型等，建立地层层序。原始记录要认真、规范、准确。

地质编录由专职地质编录员担任，要求准确记录孔深，认真描述岩性，记录各种地质特征，掌握变层深度，严禁漏层；所取岩芯按顺序排放整齐，并插放岩、土芯标牌，标明变层深度。

1）检查整理岩芯

（1）检查钻孔施工记录：在编录前，编录人员应详细检查钻探班报表中记录的回次进尺、井深、有关水文观测数据等是否齐全、准确。

（2）检查岩芯整理情况：在施工现场，将岩芯箱依井深顺序排列。仔细检查岩芯长度及编号是否正确，岩芯摆放有无拉长现象，发现岩芯顺序有颠倒的，应予以调整，发现破碎的岩芯有人为拉长现象时，应恢复到正常长度后重新丈量。

（3）检查岩芯样品签：确保岩芯样品签的孔深、进尺、岩芯长度、回次号等数据准确无误。

（4）岩芯编号：将 >10cm 及 >5cm 的岩芯编号，用红油漆（或防水符号笔）写在岩芯或矿芯上。岩芯编号用代分数表示：分数前面的整数代表回次号，分母为本回次中有编号的岩芯总块数，分子为本回次中第几块编号的岩芯。例：某孔中第5回次，有7块编号的岩芯，其中第3块编号为 57-3。

（5）岩芯拍照：在检查、整理岩芯后，应将每箱岩岩芯依次用数码相机拍照存档。

（6）现场编录一律用铅笔书写，每个回次一记录，记录主要内容按钻探记录表规定的内容填写；如有误写则用铅笔画删除线，不得擦除；如有遗漏内容则在合适位置补写。

（7）终孔编录结束后，应有相关责任人的签字。

2）岩芯描述重点

黏性土名称、颜色、状态、湿度、结构与构造特征、包含物（有机物及化石）、结核（颜色、成分、形状、大小、含量）、干强度、韧性及特殊土（古风化壳、泥炭层、淀积层等）特殊物质（气味、腐烂程度等）；

砂性土名称、颜色、湿度、密实度、磨圆度、胶结状态、胶结物成分、次生矿物、包含物；

砾砂名称、颜色、砾石成分、分选性、磨圆度、粒度、密实度、夹杂物等其他特征；

岩石类别（硬质、软质）名称、颜色、主要矿物及胶结物成分、结构、构造、风化程度、破碎程度及其岩体基本质量等级等。

4. 取样

原状土样采取执行现行国家标准，原状土取样间距一般为2.0m，遇薄层土、透镜体加密，或在标贯孔中补取。对可塑~硬塑黏性土采用中厚壁对开式取土器，采用重锤少击方式采取，土样质量等级Ⅰ~Ⅱ级；对软土采用薄壁取土器取样，土样质量等级Ⅰ级；对砂性土采用取砂器取土，土样质量等级Ⅰ~Ⅱ级。软土、砂土试样做到轻拿轻放，及时封蜡，做好防晒、防冻、防振措施。

对粉土、粉砂在标准贯入器中取扰动样进行室内颗粒分析及含水率试验。岩层内取代表性岩样，重视软弱岩和破碎岩的取样测试。

地下水类型分别采集地下水作简分析测试。取地下水样钻孔干钻至含水层，待孔内水稳定后再取水样。

岩土样一般应在技术孔中采取。如因各种原因，未能在技术孔中取得试样，必须在邻近鉴别孔中的相应层位补充采取，取样间隔一般为2.0~2.5m。在厚度大于2m的各类黏性土层、厚度小于2m且分布范围较广的特殊土层以及全风化层中，应采取不扰动样。软土特殊试验样品应采用薄壁取土器取不扰动样，采用快速连续静力压入法，取样样品采好后必须直立放置，并放于阴凉处；常规样品应采用常规取土器取不扰动样，在标贯芯样中采取颗粒分析试样，用于测试标贯位置砂土的黏粒含量。

抽水钻孔需分层采取水样；在勘察孔中采取混合水样；地表水样在河中采集。取水样容器应用取样目标水彻底清洗；采取水样的深度宜在水面0.5m以下。每个水样为2瓶，分别不得少于750mL和500mL。后一瓶水样应立即加入2~3g大理石粉。

5. 样品保存及运输

样品标识、存放：样品严格编号，及时做好标识，填好送样单，现场及时蜡封，按规范要求直立放置在阴凉干燥位置，做好防淋、防晒工作。

样品送试：在运输过程中使用专用的样品箱封存，做好防振动、防雨淋等措施。在箱上标注箱内样品数量、取样地点及取样机台，样品送样单随样品一同运输，并由专人护送。在样品交接过程中要求有交接手续，由相关责任人签字认可。样品做到及时运送、及时开样试验。

6. 岩芯留存

所有钻孔岩芯按照相关规定进行包装和标识，所取岩芯按地层上下顺序进行编号、填写岩芯卡片、整理、装箱、填写岩芯箱登记表，岩芯箱统一标准、坚固、耐用，岩芯装箱验收合格后使用数码相机逐孔分箱拍摄彩色照片，以便编辑和保存。

对特殊层位的岩芯保留，并运至指定岩芯存放库，直至施工单位进场后移交施工单位保管。

7. 钻孔封孔

钻孔的封孔方法主要和地下水有关，水泥砂浆适合各种含水层的钻孔，黏土适合于承压水含水层的钻孔。本场地终孔后采用水泥砂浆封孔，需要测量稳定水位的钻孔须采取有效措施对孔口进行保护，并设置醒目标识提请行人避让，测量完水位之后应立即进行封孔，一般不超过终孔后24h。所有钻孔均应保存封孔记录。

8. 数码影像记录

在勘察过程中，采用数码相机对工程中有意义、有代表性的地形地貌、工程地质条件、钻孔岩芯、特征地物等进行拍照，照片上的标记（工程名称、工点名称、孔号、箱号、总孔深度等）保持清晰可见，并作为工点资料的一部分存档。

9. 原位测试

在岩土工程勘察中，原位测试是十分重要的手段，在探测地层分布、测定岩土特性、确定地基承载力等方面，有突出的优点，应与钻探取样和室内试验配合使用。在有经验的地区，可以原位测试为主。在选择原位测试方法时，应考虑的因素包括土壤条件、设备要求、勘察阶段等，而地区经验的成熟程度最为重要。

布置原位测试，应注意配合钻探取样进行室内试验。一般应以原位测试为基础，在选定的代表性地点或有重要意义的地点采取少量试样，进行室内试验。这样的安排，有助于缩短勘察周期，提高勘察质量。

依据管廊工程地质特点，常采用的原位测试的手段，主要有：静力触探试验、标准贯入试验、圆锥动力触探（重型）。

1）静力触探试验（双桥）

根据静力触探试验成果可以直观地划分土层，查明土质均匀性（特别对难以采取原状样的粉、砂性土及黏性土夹砂的情况有独到之处）和评价土的强度变形特征。

静力触探需标定探头的测力计，按规定定期送计量部门检查标定，未经标定的静探系统严禁进行工程测试工作。已变形、不圆不直、丝扣太紧或太松的探杆不得使用，用于深孔的探杆，应检查每3~5根连接后的总体平直度，避免孔内断杆事故的发生。

传感器的非线性误差、重复性误差、滞后误差和归零的允许误差均为

±1.0%；传感器的空载输出应在仪器平衡调节范围以内。电缆应采用屏蔽电缆，屏蔽网应合理接地，表皮破损的电缆不得使用。探头与探杆之间的联接必须加装密封装置，在安装探头时，应将橡胶圈压紧，处理好防水至关重要，避免探头进水报废。

量测仪器必须与探头性能相适应，应采用合格的自动记录仪或与静探配套使用的原位测试微机系统。

在贯入过程中，如遇地层阻力增大，地锚上拔，应随时紧固地锚螺母，纠正调整主机，尽量使探杆垂直贯入。

2）标准贯入试验

目的是分析评价各岩土层的状态、各岩土层的物理力学性质指标，并根据标准贯入试验锤击数，判定饱和砂土的液化势，估算承载力及压缩模量等。标准贯入试验采用落距76cm、锤重63.5kg的标贯锤，自由锤击标准贯入器，记录每贯入10cm和累计贯入30cm的锤击数。

根据地层适宜性，自地面以下1.0m开始分层测试，测试间距符合规格要求且一般不大于2m，评价土层液化时试验间距为1.0~1.5m。

钻杆应平直，当出现弯曲超过1‰时应予调直后再使用；对开式贯入器的对缝应平直、严密，不得出现扭曲、膨胀、错缝等变形；贯入器靴的刃口应保持完整，不得出现缺口或卷刃等损坏，单个长度不得大于5mm或总长度不得大于12mm。自动落锤装置应保持正常的落锤性能，不得对导向杆产生提拔作用。

试验时，钻具钻进至试验深度以上15cm时，停止钻进，清除孔底残土，残土厚度不得超过5cm，清孔应避免孔底以下土层被扰动。当在地下水位以下的土层中试验时，应保持孔内水位高于地下水位。贯入器应平稳放至孔底，严禁冲击或压入孔底。试验时，应保持钻杆垂直，避免摇晃。试验时先预打15cm，然后开始试验锤击。每一深度的试验锤击过程不应有中间停顿。试验结束提出贯入器后，应打开对开管，对土样进行鉴别和描述，并根据需要采取扰动土试样。

3）重型动力触探试验

在杂填土层、混合土层和卵砾石层中进行重型动力触探试验。确定地层的密度和均匀性及其工程性能，确定地基承载力和变形指标，选择桩基持力层、估算单桩承载力。

圆锥动力触探试验触探杆应平直，探杆接头的连接应牢固。触探杆最大偏斜度不应超过2%；试验过程中应控制探杆的偏斜和侧向晃动。

锤击应连续进行，锤击速率应控制在15~30击/min。在贯入过程中，应随时检查探杆的偏斜情况，经常紧固各测试部件。试验在钻孔中分段进行，每一试验段的试验宜连续进行，中间不应停顿。试验时减少探杆与土间的侧摩阻力，从而保证试验成果的准确、可靠，真实地代表地基土的工程力学性能特征。试验时，贯入一定深度后，每贯入 1m 转动探杆一圈或半圈，深度大于 10m，每贯入 0.2m 转动一次；在近探头的探杆上，采用水平或微向上喷射泥浆。

进行动力触探试验之前必须清孔，孔底不得残留浮土，按每 10cm 贯入并记录锤击数，并及时记录相应的钻杆长度。

10. 波速试验

测试前的准备工作应符合下列要求：

（1）测试孔应垂直；

（2）当剪切波振源采用锤击上压重物的木板时，木板的长向中垂线应对准测试孔中心，孔口与木板的距离宜为 1~3m；板上所压重物宜大于 400kg；木板与地面应紧密接触；

（3）当压缩波振源采用锤击金属板时，金属板距孔口的距离宜为 1~3m；

（4）应检查三分量检波器各道的一致性和绝缘性；

（5）测试时，应根据工程情况及地质分层，每隔 1~3m 布置一个测点，并宜自下而上按预定深度进行测试；

（6）传感器应设置在测试孔内预定深度处并予以固定；沿木板纵轴方向分别打击其两端，可记录极性相反的两组剪切波波形。

11. 室内岩土试验

对野外所取岩、土、水样进行室内物理力学性能试验可获得相应岩土层的各种性能指标，室内岩土试验项目及试验方法可根据工程特性和场地土层分布情况进行确定。具体操作和试验仪器应符合现行国家标准的规定。但岩土工程评价时所选用的参数值，宜与相应的原位测试成果或原型观测及分析成果比较，经修正后确定。

室内试验应与原位测试相结合，针对本工程特点，试验项目布置如下：

（1）常规试验：W、ρ、G、W_{p}、W_{L}、I_{p}。

（2）颗分试验：对粉性土、砂性土进行颗粒分析试验。

（3）力学性质试验：直接剪切、三轴压缩试验等。

（4）地下水、土、地表水腐蚀性分析。

水质分析测试项目包括：pH、酸度、碱度、硬度、导电率、有机质（如有）、游离 CO_2、侵蚀性 CO_2、矿化度、Ca^{2+}、Mg^{2+}、K^+、Na^+、NH_4^+、Fe^{2+}、Fe^{3+}、SO_4^{2-}、Cl^-、HCO_3^-、CO_3^{2-}、NO_3^-、OH^-（并着重测定地下水中对施工触变泥浆有影响的 pH、氯

离子、硫酸根离子的含量）。评价场地地下水对混凝土、钢铁材料的腐蚀性。

7.4 管廊勘察成果

1. 资料整理、分析与评价

勘察成果所依据的原始资料应进行检查、整理、分析，确认无误后方可使用。

2. 成果要求

勘察成果应资料完整、真实准确、数据无误、图表清晰、结论有据、建议合理，便于使用和长期保存，并应因地制宜、重点突出，有明确的工程针对性。

3. 成果内容

拟提供勘察报告的主要内容如下：

1）前言

（1）拟建工程概况；

（2）勘察目的及任务；

（3）勘察工作依据及执行的技术规范；

（4）工程勘察等级。

2）勘察工作简况

（1）勘察工作量；

（2）工作质量评述。

3）自然地理概况

（1）地理位置；

（2）地形地貌；

（3）气候。

4）工程地质条件

（1）场地概况；

（2）地层岩性；

（3）不良地质作用；

（4）水文地质条件。

5）岩土参数的统计、分析和选用

（1）主要土层部分室内土工试验值统计表；

（2）各土层原位试验统计指标。

6）场地稳定性评价

（1）地震效应评价；

（2）基坑工程评价；

（3）场地稳定性及适宜性评价。

7）地基评价

（1）地基均匀性及承载力特征值评价；

（2）地基基础方案建议。

8）结论及建议

（1）结论；

（2）建议。

9）附图表

（1）勘探点平面位置图；

（2）工程地质剖面图；

（3）钻孔柱状图；

（4）三轴剪切试验成果图表；

（5）波速测试成果图表；

（6）勘探点一览表；

（7）物理力学指标统计表；

（8）标准贯入试验统计表；

（9）土工试验综合成果表；

（10）土易溶盐分析报告；

（11）地下水水质分析报告。

7.5　管廊勘察技术服务

积极配合业主、设计、施工、监理和质量监督单位，安排专人现场全过程跟踪，做好施工期间地基基础验槽（桩）及与岩土工程有关的各项技术服务工作。

对修改完善设计或局部变更设计需要补充勘察的地方及时进行施工阶段的补充勘察工作。积极配合设计单位参与基础设计方案论证和基坑边坡支护方案的咨询论证。

8　设计

综合管廊设计应严格遵循总体规划、综合管廊规划等上位规划，满足国家、地方的相关标准、规范，实现建设与需求相结合。开展项目设计之前对项目所在区域的社会经济、自然条件、交通运输、产业布局及发展规划等内容进行调查、研究，对项目建设的必要性和可行性论证、综合管廊入廊管线分析，因地制宜，以期得到最优的设计方案。

充分解读现行《城市综合管廊工程技术规范》GB 50838，以管线规划、各入廊管线单位反馈意见为依据，布置可能的管廊断面，并通过各个方案优缺点对比，得到最优的结构断面，尽可能集约化设计。同时分析道路的管线综合，确认管廊道路断面布置、平面布置、纵段布置等，尽量减小未入廊管线与综合管廊之间的相互影响。为保证管廊后期运维安全可靠，满足使用功能，设置通风口、人员逃生口、吊装口、分支口等。

8.1　综合管廊标准断面设计

1. 综合管廊标准横断面确定的原则

以管线规划、入廊管线单位反馈意见为依据，确认入廊管线种类，保证综合管廊的使用效率；

（1）各类管线设置合理，不相互干扰，保证综合管廊安全运行；

（2）各管线部门认可管线布置方案，承诺进入综合管廊，保证日后综合管廊的运行维护；

（3）横断面大小和施工方案与项目建设环境相适应；

（4）在综合管廊使用效率、工程造价、建设周期和管线入廊费收益之间取得平衡。

2. 综合管廊内的管线布置

综合管廊内管线布置首要考虑管线的安全，使得各管线之间的相互影响控制在安全范围内，在这一前提下实现横断面的节约与高效利用。

管线的相互影响以及由此带来的安全问题是早期规划建设综合管廊的主要顾虑之一。根据国内外多年的实践与经验积累，综合管廊内的管线通过合理的空间安排与布置并采取适当的防护措施可以实现安全使用。需要特别注意的主要有电力电缆、热力管线以及燃气管线的布置问题。

电力电缆由于其输送电压等级的不同对周围环境的影响存在较大差异，特别是对于220kV以上的超高压电缆，其布置方式应充分考虑安全性并提供足够的空间，避免对人员以及其他管线的影响。同时，电力电缆对通信线缆存在电磁干扰问题，在布置上应考虑适当的间距。一般而言，城市内的电力缆线多为110kV以下的配电线，其安全性比较容易控制。

热力管线由于其输送热介质会带来综合管廊内的温度升高，从而造成安全影响，在管线布置上应将热力管线与热敏感的其他管线保持适当的间距或分室收容。热力管线比较适合与给水、污水、再生水等管线共室收容。

污水管线在一般情况下均为重力流，管线按一定坡度埋设，埋深一般较深，其对管材的要求一般较低。采取分流制排水的工程，综合管廊的敷设一般不设纵坡或纵坡很小，若污水管线进入综合管廊，综合管廊就必须按一定坡度进行敷设以满足污水的输送要求。另外污水管需防止管材渗漏，同时，污水管还需设置透气系统和污水检查井，管线接入口较多，若将其纳入综合管廊内，就必须考虑其对综合管廊方案的制约以及相应的结构规模扩大化等问题。

雨水管线管径较大，基本就近排入水体。

燃气管线是否收容于综合管廊内在国际上曾有过争议，在日本有收容燃气管线，欧洲部分综合管廊也会收容燃气管线。根据日本的经验，燃气管线在布置上一般单独采取一舱而不与其他管线共舱，以减少其他管线对燃气管的干扰。

3. 管线布置原则

（1）重介质管道在下，轻介质管道在上。

（2）大断面管道在下，小断面管道在上。

（3）电舱高压电缆在下，电舱低压电缆在上。

（4）输送管道在下，出线多的配送管道在上。

（5）需要经常维护的管道靠近通道。

8.2 综合管廊的纵断面

主干型综合管廊和次干型综合管廊的纵断线型应视其覆土深度而定，一般标准段应保持3.0m以上，这是由管廊节点二层小室的高度、管廊上方交叉管线的标高、管廊所在道路上方路面结构层以及绿化种植土壤的有效土层厚度的要求等因素确定的。非入廊管线中影响管廊深度的最主要管线类别为重力流的雨污水管线。对于地块范围内的雨污水支管，由于其管径较小、埋深较浅，0~2.5m的范围内基本能够满足穿越管廊的要求；对于道路支管和主干管，由于标高较深、管径较大，在路口位置若与管廊相冲突，一般建议考虑统一协调，一方面调整雨污水管线的标高避让管廊，另一方面管廊可采用倒虹形式避让无法调整的雨污水管线。

8.3 综合管廊的平面线位

主干型综合管廊宜优先设置在规划管廊带或道路中央绿化带下方，其次在侧分带或非机动车道下方。其平面线形原则上设置于道路下方，其中心线应与道路中心线平行，不宜从道路一侧转到另一侧。圆曲线半径应满足收纳管线的最小转弯半径要求，并尽量与道路圆曲线半径一致。若在规划阶段就考虑市政道路的中央绿化带宽度，则既能满足景观要求，又能满足综合管廊布置。综合管廊和相邻地下建筑物的最小间距应根据地质条件和相邻建筑物的性质确定，一般应维持3m以上。综合管廊断面因受收容管线的多少或特殊节点变化的影响，一般需设渐变段加以衔接，其变化率为1∶4，热力管线所在段，其变化率为1∶12，或采用直角90°弯转设计形式。

次干型综合管廊宜设置在道路侧分带或人行道下方。在不影响道路行车安全及舒适时，也可设置于非机动车道上。

另外，考虑综合管廊的工程施工、运营和维护方便，综合管廊宜布置在人行道和绿化带内。

综合管廊是道路的附属结构工程，一般情况是在道路横断面确定后，再考虑综合管廊在道路横断面上的布置。实际上由于综合管廊断面较大（一般宽7~14m，高4~5m），如果综合管廊所在道路横断面布置不合理，不仅会给道路两侧的管线综合造成较大影响，而且会造成投资和土地的浪费。故规划道路横断面应该和综合管廊断面相互调整、相互校正。综合管廊与相邻地下管线及地下构筑物的最小净距见表8.3-1。

由于综合管廊每隔200m左右会有通向地面的通风口或人员出入口，综合管廊优先布置在绿化带下，其次为道路侧分带或非机动车道下方。

表8.3-1 综合管廊与相邻地下管线及地下构筑物的最小净距

相邻情况＼施工方法	明挖施工	顶管、盾构施工
综合管廊与地下构筑物水平净距	1.0m	综合管廊外径
综合管廊与地下管线水平净距	1.0m	综合管廊外径
综合管廊与地下管线交叉垂直净距	0.5m	1.0m

8.4　节点设计

综合管廊主体重要节点包括：管廊交叉节点、管廊引出、通风设施、投料设施等。综合管廊的每个舱室应设置人员出入口、逃生口、吊装口、进风口、排风口、管线分支口等。综合管廊的人员出入口、逃生口、吊装口、进风口、排风口等露出地面的构筑物应满足城市防洪要求，并应采取防止地面水倒灌及小动物进入的措施。各节点设计具体如下所示：

1. 综合管廊交叉节点

综合管廊交叉节点设计时应注意相交管廊各自管线的属性、特点及管道安装、后期施工等，如图8.4-1、图8.4-2所示。

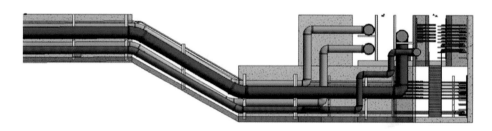

图 8.4-1　综合管廊交叉节点一

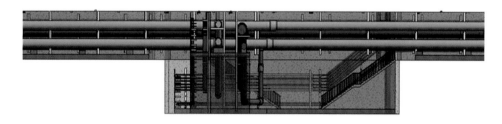

图 8.4-2　综合管廊交叉节点二

2. 管线分支口

管线分支口是管廊内部管线与室外直埋管线连接的主要构筑物，引出支管的设计需考虑以下几点：

（1）满足沿线市政管线的功能要求；

（2）满足与道路重力流管线及其他地下构筑物的相交要求；

（3）避免过路管线敷设的二次开挖；

（4）做好引出位置标记，便于后期管线的衔接与维护；

（5）做好引出构筑物的防水设计，防止地下水或降水经引出预留孔洞侵入管廊本体。

应实现模块化设计，便于提高设计、施工效率，也可最大程度地节省建造成本。

管线引出拟采用以下两种方式：

方式一：以专业支管廊或电缆隧道形式引出（图8.4-3、图8.4-4）。建议引出管道类型为接入水厂的给水、再生水干管，接入高压变电站及开闭所的电力电缆。特点是施工稍复杂，管线连接及检修维护方便。

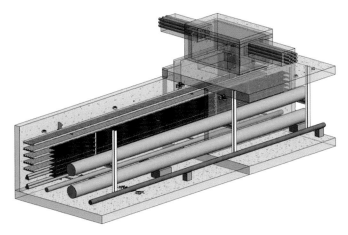

图8.4-3 综合管廊电力抽头一

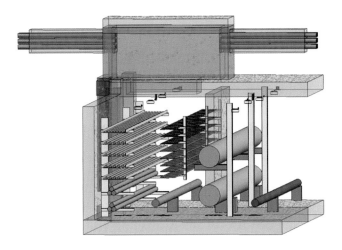

图8.4-4 综合管廊电力抽头二

方式二：以直接预埋工作管或预埋套管方式引出。各路口引出的管径及缆线数量根据规划确定。管线引出后与道路直埋管线相接。

3. 吊装口

综合管廊内管线铺设是在综合管廊土建工程完工后进行的，因此必须预留吊装口。同时吊装口也是后期廊内管线维修、更新的投放口。吊装口的大小要根据管线专业下料的长度决定，以方便现场施工。吊装口的最大间距不宜超过400m。吊装口净尺寸应满足管线、设备、人员进出的最小允许界限要求。吊装口应做好防水处理，并便于后期重复开启，保证后期管道安装、检修及维护。

4. 通风口

通风口，应包括进风口和排风口。综合舱、电气舱宜采用自然进风和机械排风相结合的通风方式。天然气管道舱的舱室应采用机械进、排风的通风方式。综合管廊送、排风口的净尺寸应满足设备进出的最小尺寸要求。燃气舱室的排风口与其他舱室的排风口、进风口、人员出入口及周边建筑物口部距离不应小于10m。为减小综合管廊内的通风设施对地面周围环境的噪声影响，风机一般设置在地下。进、排风口基本布置在绿化带中，并结合道路景观，以城市小品或隐藏方式设计，与绿化融为一体。

5. 出入口及参观段设置

综合管廊出入口主要分为两种类型。一是参观段出入口。参观段出入口应结合参观段的使用要求，做好管廊外部与管廊内部的衔接，保证参观人员的参观及通行安全。二是事故紧急人员逃生口。事故紧急人员逃生口应以保证生命安全为前提，缩短逃生半径，提高逃生几率。

1）参观段出入口设计

为方便检修人员及参观学习出入，在综合管廊适当位置设置人员参观段及出入口。参观人员经出入口可进入综合管廊内部。管廊与地面之间的夹层内设防火门和阻火墙，出入口防火等级与管廊本体一致。出入口室外台阶应高于设计地面，防止雨水倒灌。参观段出入口应结合外界环境进行景观性设计，适当考虑遮雨棚，防止飘雨进入参观走廊。

2）事故紧急人员逃生口布置

考虑紧急情况下的人员疏散，综合管廊需设置事故紧急人员逃生口。事故紧急人员逃生口尽可能结合通风口设置，在通风口内设有爬梯，紧急情况下，人员可以由此出口离开。

（1）不含天然气管道、蒸汽介质热力管道的舱室，应设置逃生口通向室外、相邻地下空间、其他舱室或同舱室内采取防火分隔措施的空间，舱室内逃生口间距不宜大于200m，通向室外地面的逃生口或逃生通道在地面上的间距不宜大于1000m；

（2）敷设蒸汽介质热力管道的舱室，舱室内逃生口间距不应大于100m，应设置逃生口通向室外、相邻地下空间、其他舱室或同舱室内采取事故分隔措施的空间，通向室外地面的逃生口或逃生通道在地面上的间距不宜大于1000m；

（3）敷设天然气管道舱室应独立设置逃生口，舱室内逃生口间距不宜大于200m，且应在每个事故通风区段的两端设置通向室外地面的逃生口，直通地面逃生口最大间距不宜大于800m；

（4）逃生口尺寸不应小于1m×1m，当为圆形时，内径不应小于1m；

（5）逃生通道净宽不应小于1.1m，净高不应小于2.1m；

（6）逃生口处爬梯高度超过4m时，应考虑防坠落措施。

6. 复合节点

除了以上几种节点外，可将两种以上的节点功能合并为一个节点，即复合节点，此种布置方式可有效减少节点和出地面设施数量，增加标准段长度，提高了项目采用预制法施工的可能性，进一步提高管廊项目的建造速度。一般情况下，可将通风、吊装和逃生的功能复合在一个节点上，如图8.4-5所示，当通风口处采用水平防雨百叶时，通风口可兼做吊装口，有效减少出地面设施数量。

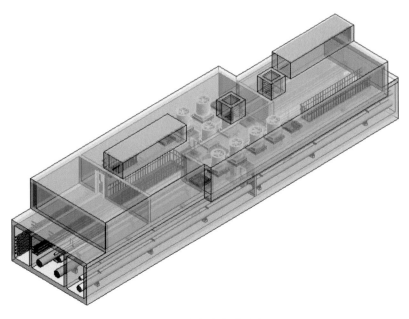

图8.4-5 综合管廊复合节点

8.5 管廊景观设计

设计范围：管廊内涉及建筑、景观要素包括四个部分：①控制中心设计；

②吊装口、通风口等出地面构筑物的设计；③管廊主体内部装饰设计；④管廊检修井盖的景观设计。

控制中心，吊装口、通风口等出地面构筑物属于管廊建（构）筑物。管廊主体内部装饰和检修井盖属于管廊装饰。

1. 控制中心设计

综合管廊监控中心主要任务为确保管廊内管线及操控设备能正常运转，并在发生事故时能迅速反应处理，因此管廊监控中心就是整个管廊安全管控系统的神经中枢，通过自动化监视与侦测设备，将管廊内任一角落的状况资料迅速传递收集于监控中心中，使管理人员可以随时轻易地掌握所有情况。同时建立完善的预警、报警机制，解决城市管廊设施遭受人为破坏的地下隐患，保障管廊内的通风、照明、排水、防火、通信等设备的正常运转。

中心为用户提供一个人性化和智能化的操作平台，使整个高科技、超复杂的系统使用时轻松自如，它覆盖人员、设备、环境、动力、安全、运营等诸多环节，应用于安全监控类的人员定位、监测监控、通信、有毒气体抽排、风机监测、防火监测、安全生产监测与综合预警，以及供电集中监控、排水通风监控、管廊输送监控等重要环节，以满足全过程实时监控的需要，避免了在重要调度指挥中因系统操作过于复杂，而造成难以控制的尴尬局面。

智能模拟显示系统可直观地显示管廊内各种设备的运转情况，及时了解灾情和非法入侵的发生及其位置。显示屏的显示内容有：管廊各区段的位置和建筑模拟图，各防火分区排水泵的状态、通风装置状态、照明的状态、火灾检测的状态、环境温度或湿度和氧含量和非法入侵等各种报警信号等。

同时，中心还可以满足综合调度、应急指挥、参观交流等多项功能的要求，大屏幕显示各种图像画面具有灵活组合的特点，可以满足各种不同的需求。

2. 管廊建（构）筑物

综合管廊是一种以集约利用空间、保护城市景观的绿色市政理念建设地下管线工程。作为管廊地面部分（通风口、吊装口等）也应响应管廊总体设计的指导思想。

设计主题注重管廊地面构筑物的时代性、地域性、大众性和经济性。

时代性：首先，立足于时代，从时尚中寻求灵感，同时要超越时尚把握住内在的本质。其次，经典和传统是时代性之根，管廊景观设计离不开经典和传统的作用。

地域性：地域性是一种开放的态度。包括自然资源，如地形、光线、风和气候等；人文资源，如种族、身份、历史、风俗以及构造方法等。景观设计应在尊重地方自然资源与人文资源的基础上进行设计，才能体现地域特色和文化，使人们在情感上得到一种认同和归属。

大众性：大众性包含两个层次。第一，景观设计是综合社会、经济、技术、文化等诸多因素的设计。第二，设计应该注意到人们的生活经验和审美习惯，创造出能够为广大群众所理解和认同的装饰，做到"雅俗共赏"。

经济性：经济性要求景观设计应有准确的定位。本着节约和控制的原则，根据建筑的性质、周围的环境、社会的经济和技术条件等因素理性地确定景观设计的定位。

设计中可从构筑物的视觉语言入手，如形态、色彩、材料、细部设计等，按照不同的设计主题和理念，具体实施过程中，可结合管廊所处的地理位置来进行设计。

生态城市建设能够有效地改善居民的生活环境，提升居民的生活质量，并能够推动城市健康，可持续发展。针对城市现状，结合城市特色，建设生态城市已成为目前城市发展的主题。

设计中可将凸出地面构筑物采用仿木外饰面、植物遮蔽法，还可结合景观灯具、景观座椅等功能设置，如图8.5-1~图8.5-4所示，延续城市绿化，融合于周围环境，行人的感官是立体的绿化景观。

3. 管廊装饰设计

管廊装饰设计包括管廊主体内部装饰和管廊检修井盖的设计。

管廊主体内部装饰和检修井盖须呼应所在地段的地面建（构）筑物，因此应与地面建（构）筑物协同设计，体现设计风格的完整性和统一性。

各个时代特色建筑、市花、市树，这些元素均可以通过彩绘、浮雕或镂空的方式装饰管廊。

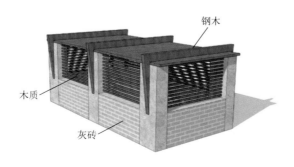

图 8.5-1 仿木质外饰面（西安渭水二路管廊）

图 8.5-2　植物遮蔽法

图 8.5-3　巴塞罗那综合管廊风亭

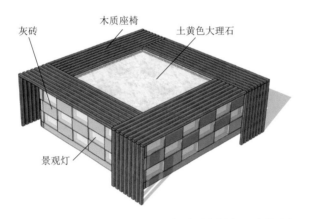

图 8.5-4　逃生口与景观座椅组合（西安渭水二路管廊）

8.6　结构设计

1. 综合管廊结构设计原则

根据《建筑结构可靠性设计统一标准》GB 50068—2018、《城市综合管廊工程技术规范》GB 50838—2015，管廊结构设计基准期为50年，设计使用年限为100年，结构的安全等级为一级，重要性系数为1.1。

综合管廊结构承受的主要荷载有：结构及设备自重、管廊内部管线自重、土压力、地下水压力、地下水浮力、汽车荷载以及其他地面活荷载。

根据沿线不同地段的工程地质和水文地质条件，并结合周围地面建筑物和构筑物、管线和道路交通状况，通过对技术、经济、环保及使用功能等方面的综合比较，合理选择施工方法和结构形式。设计时应尽量考虑减少施工中和建成后对环境造成的不利影响。

采用结构自重及覆土重量抗浮设计方案，在不计入侧壁摩擦阻力的情况下，结构抗浮安全系数 $K_f > 1.05$。

围护结构设计中应根据基坑的安全等级和允许变形的控制标准，严格控制基坑开挖引起的地面沉降量和水平位移。应对周围建（构）筑物、地下管线可能产生的危害加以预测，并提出安全、经济、技术合理的基坑支护措施。

结构构件设计应力求简单、施工简便、经济合理、技术成熟可靠，尽量减少对周边环境的影响。

对腐蚀等级在弱（含）以上的情况，材料及做法应满足相关规范的要求。

2. 综合管廊设计标准

主体结构安全等级为一级。

综合管廊属于城市生命线工程，根据《建筑工程抗震设防分类标准》GB 50223—2008的规定，抗震设防类别为重点设防类。应根据《中国地震动参数区划图》GB 18306—2015、《建筑抗震设计规范（2016年版）》GB 50011—2010、《地下结构抗震设计标准》GB/T 51336—2018及地方规定，确定综合管廊抗震等级及应采取的抗震措施（含抗震构造措施）。地方规定可能在国家标准的基础上有所调整，如保定市安新县按《建筑抗震设计规范（2016年版）》GB 50011—2010的规定，抗震设防烈度为7度0.15g，但雄安新区相关文件规定为8度0.3g，此时应按较严者执行。

结构构件裂缝控制等级为三级，结构构件应按荷载效应准永久组合并考虑长期作用影响进行结构构件裂缝验算。混凝土构件的裂缝宽度应不大于0.2mm，且不得贯通。

环境作用等级及环境类别。综合管廊的环境作用等级及环境类别应根据《混凝土结构耐久性设计标准》GB/T 50476—2019及《混凝土结构设计规范（2015年版）》GB 50010—2010进行判定，并应区分冻深线以上和冻深线以下。

结构构件耐火等级为一级，所有受力构件防火设计应满足现行的《建筑设计防火规范（2018年版）》GB 50016中的有关规定。

3. 综合管廊主要工程材料

混凝土：当前综合管廊标准段主体结构一般采用C35~C40级防水混凝土；冻深深度以上结构应采用防水抗冻混凝土，并应指明混凝土的抗冻等级。

混凝土水胶比控制在0.40以下、胶凝材料用量不小于340kg/m³，防水混凝土的配合比应通过试验确定，试配混凝土的抗渗等级应比设计要求提高0.2MPa。

抗渗等级：管廊埋深 10m 以内采用 P6，10（含）~20m 之间采用 P8，20（含）~30m 之间采用 P10。

基础垫层一般均采用 100mm 厚 C20 级素混凝土，垫层与垫块现浇。

钢筋：钢筋采用 HRB400、HPB300 级钢筋。

钢结构构件：Q235B 钢。

对钢制管廊，包括波纹钢管廊、钢结构管廊，其钢材可采用 Q355 或以上钢种。

4. 综合管廊结构防水设计

综合管廊结构防水设计应符合《建筑与市政工程防水通用规范》GB 55030—2022、《地下工程防水技术规范》GB 50108—2008 的相关要求。

综合管廊防水设防等级应结合地下抗浮设防水位等因素确定，且不应低于二级。在防水设防等级为二级的情况下，综合管廊主体不允许漏水，结构表面可有少量湿渍，总湿渍面积不应大于总防水面积的 2‰；任意 100m² 防水面上的湿渍不超过 3 处，单个湿渍的最大面积不应大于 0.2mm²。平均渗水量不大于 0.05L/（m²·d），任意 100m² 防水面积上的渗水量不大于 0.15L/（m²·d）。

按承载能力极限状态及正常使用极限状态进行双控方案设计，以保证结构在正常使用状态下的防水性能。

综合管廊主体防渗的原则是"以防为主，防、排、截、堵相结合，刚柔相济，因地制宜，综合治理"。主要通过采用防水混凝土、合理的混凝土级配、优质的外加剂、合理的结构分缝、科学的细部设计来解决综合管廊钢筋混凝土主体的防渗。

综合管廊为现浇钢筋混凝土结构，一般情况下分缝间距为 25~30m。这样的分缝间距可以有效地消除钢筋混凝土因温度、收缩、不均匀沉降而产生的应力，从而实现综合管廊的抗裂防渗设计。

变形缝防水设计：变形缝的设计要满足密封防水、适应变形、施工方便、检修容易等要求。

变形缝的宽度不应小于 30mm。

变形缝的防水采用复合防水构造措施，中埋式橡胶止水带与外贴防水层复合使用，并采取预留注浆导管等措施。

施工缝设计：综合管廊为现浇钢筋混凝土地下箱涵结构，在浇筑混凝土时需要分期进行。综合管廊应尽量减少设置施工缝。可在底板或中板以上不小于 500mm 位置设置水平施工缝；除非条件限制，尽量避免在顶板或中板以下不小于 500mm 位置设置水平施工缝。

5. 综合管廊的施工方法

施工采用明挖为主。兼顾采用顶管、浅埋暗挖、盾构等施工工艺。

按照不同的施工工艺及施工方法，混凝土结构综合管廊可分为现浇综合管廊和预制综合管廊两种类型。现浇综合管廊结构施工简单，附属设施尺寸不受制约，投资额度较预制管廊低；采用预制方案时，在制造厂内制造管段，其质量要比现场施工质量更易保证。预制管段安装速度较快，安全性高。从附属设施的角度看，引出头一般不长，采用预制管廊也可以通过技术手段实现该节点的预制拼装；而吊装口、通风井一般结构长度较长，特别是吊装口长度达7m，该段预制管廊受吊装口、通风井管段影响，加工困难，需要引入新技术或吊装口、通风井局部采用现浇形式过渡。预制管廊需要在制造厂制造，并运输至现场安装，其结构费用比现浇混凝土高。受制于吊装技术、城市运输及预制管廊本体重量的影响，预制管廊断面不宜过大，一般用于支管廊或舱室数量较少的综合管廊。

1）明挖现浇法

明挖现浇施工法为最常用的施工方法。采用这种施工方法可以大面积作业，将整个工程分割为多个施工标段，以便于加快施工进度。同时这种施工方法技术要求较低，工程造价相对较低，施工质量能够得以保证，如图8.6-1、图8.6-2所示。

图 8.6-1　综合管廊现浇方案　　　　　　图 8.6-2　综合管廊现浇施工

2）明挖预制拼装法

明挖预制拼装法为工厂预制管节，现场拼装的施工方式。采用这种施工方法要求有较大规模的预制厂和大吨位的运输及起吊设备，同时施工技术要求较高，工程造价相对较高。优点是预制拼装管节由专业混凝土预制构件厂采用高精度钢模成型制作，专业化工厂质保体系健全，可保证产品在强度、耐久性方面具有一致性的保证。施工速度快，构件质量易于控制，可以降低基坑支护的费用。

8.7 综合管廊的基坑支护设计

经统计，一般情况下综合管廊埋设深度（即基坑深度）标准段为 6.0~8.0m，局部交叉节点可能埋深可达 11.0~12.0m。

综合管廊常用支护形式有放坡开挖（坡率法）、土钉、锚杆、桩锚、桩撑、倒挂井壁等。以下对最常用的几种支护形式进行说明。

1. 放坡开挖

若现有场地地势平坦，周围没有其他需进行保护的建筑物，可以采用大开挖施工。

2. 放坡喷锚支护

结合某工程实例，描述如下：

对于现状场地标高高于设计地面标高段，可先平整至设计地面标高，基坑深度从设计地面算起；对于现状场地标高低于设计地面标高值，应暂时保留原样，基坑深度从现状场地标高起算。综合考虑基坑场地的周边环境、土层条件以及基坑开挖深度。典型支护断面如图 8.7-1 所示。

（1）对于基坑深度小于 4m 处，拟采用一阶自然放坡的方式，放坡坡比1∶1.5。

（2）对于基坑深度为 4~5m 处，拟采用一阶自然放坡的方式，坡面采用喷射放混凝土防护，放坡坡比 1∶1.0。

（3）对于基坑深度为 6~8m 处，拟采用二阶自然放坡的方式，坡面采用喷射混凝土防护。上面一阶放坡的坡比为 1∶1.0，高度 4~5m。

（4）对于基坑深度较深处，而场地周边放坡条件有限时，考虑采用土钉墙的支护方式，坡比 1∶0.75。土钉的水平及垂直间距为 1.5m，倾角为 20°。土钉长度根据计算确定。

3. 桩 + 内支撑支护

对于管廊开挖区段比较狭窄、周边道路已经施工，建（构）筑物管线较多的情况，可考虑采用桩 + 内支撑的支护形式。

开挖区段地层较好时，桩首选钢板桩（如拉森钢板桩）；如周边建（构）筑物对变形比较敏感，则考虑采用钻孔灌注桩 + 水泥土搅拌桩帷幕 + 内支撑的支护形式。灌注桩桩顶锁口梁采用钢筋混凝土梁，内支撑采用钢管对顶撑，坡面应及时进行喷混凝土封面，提高支护的整体性，并减少雨水对坡面的冲刷破坏。

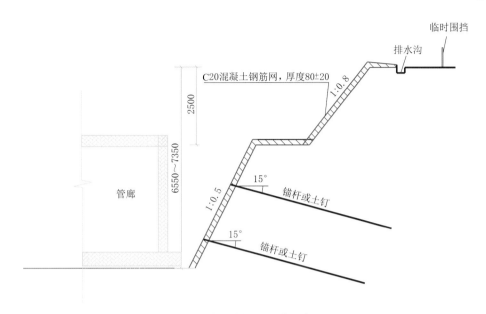

图 8.7-1　放坡喷锚支护典型断面图

结合某具体工程，其典型支护断面如图8.7-2所示，相关描述如下：

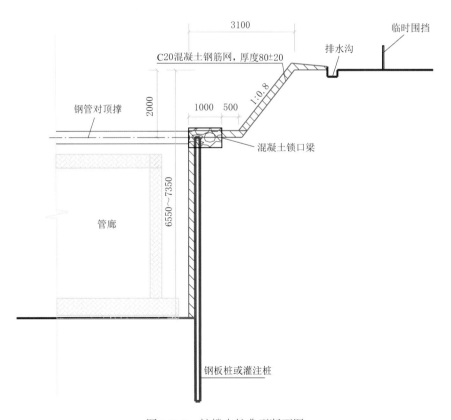

图 8.7-2　桩撑支护典型断面图

通过上述几种施工方案的比较可以看出，不同的基坑围护有不同的优缺点。原则上在综合管廊的标准段，当基坑开挖深度较浅时，建议采用放坡开挖方案进行施工。在深度较大的交叉节点，可采用放坡开挖和钢板桩支护结合的形式。在进行开挖施工时需注意：土方量开挖应当随挖随运，基坑周围严禁超高堆土，确保施工的安全性。

开挖过程中需严格控制地下水位，根据地勘报告并结合现场情况和当地经验，确定降水方案，施工方应按设计要求进行降水施工组织，具体要求如下：

（1）降水启动后不应中断，为防止停电影响，现场应自备发电机或有双路供电，以保证基坑降水工作的连续进行，且必须有专人值守。

（2）应保证抽出水质中泥沙含量满足规范要求，不得出现由于降水导致地层大量水土流失出现。

（3）降水前，应进行现场降水试验，设计将根据降水试验结果对原设计做适当的调整。

（4）挖土施工过程应确保开挖面干作业。

（5）基坑外的场地排水采用设置排水沟，将地表水汇入市政管道。基坑内的排水采用在基坑底四周设置排水沟，应每隔30~40m及基坑四角设置一个集水坑。

（6）降水应持续到结构施工完毕基坑回填完成为止。

回填时应严格控制土质选材及回填土施工质量，分层回填，碾压密实。管廊支护体系外堆载及施工荷载应符合设计要求。为保证支护体系与道路同时施工的条件，支护体系设计时外围施工荷载应将道路施工过程中的荷载一并考虑，以确保支护体系的安全性。

综合管廊过河及过铁路段通常采用明挖围堰和顶管方式施工。

（1）明挖围堰。

通过围堰将河水截断，留出足够的空间进行开挖，支护形式同非过河段，即放坡喷锚或排桩加内支撑（加水泥土搅拌桩帷幕）。缺点是河流阻断，后期需恢复；开挖土方量大，工期较长。优点是施工简单，便于管廊施工及回填，造价较低。

（2）顶管（涵）。

顶管工法是在地面下采用非开挖技术敷设管道的一种施工方法，它不需要开挖面层，能够穿越河川、公路、铁路、地面建筑物、地下构筑物以及各种地下管线。当代城市建筑、公用管线设施和各种交通日益复杂，在市区采用明挖敷设管道，对城市生活的干扰日趋严重；另外，在穿越大型水域、沼泽地带、公路和铁路等障碍物时，用明挖法敷设管道很难实现或相当不经济。在这种情况下，采用顶管法进行城市上、下水道、电力通信、市政公用设施等各种管道建设具有明显的优越性。目前，国内的顶管机械和顶管施工技术在地质复杂地区以及大口径长距离，甚至超长距离顶管上都发展得很快，到目前为止，最大口径已做到DN4000，混凝土管最长顶进距离可达2.0km。采用顶管施工法铺设管道具有一些得天独厚的优势：如顶管施工除顶管井之外，不需要开挖地面，能穿越公路、铁路、河流，甚至能在建筑物底下穿过，是一种安全有效的施工方法。

顶管施工的适用范围较大，顶管机械的性能越来越适应各种土质，与其他非开挖设备相比，其同时又具有以下独特的优点：

① 顶管机具设备较简单，后方配套设备均可在国内解决，价格较便宜；

② 除竖井外，地面作业很少，隐蔽性好，因噪声、振动引起的环境影响小；穿越河底或海底时，施工不影响航道，受气候的影响较小；穿越地面建筑群和地下管线密集的区域时，不受周围施工的影响；施工对地面建筑物、各种设施影响较小，基本上能保证对重要管线不产生影响；

③ 长距离顶进，在国内外均已普及，施工速度较快；

④ 自动化程度高、劳动强度低、顶管施工作业人员较少；

⑤ 由于顶管设备小巧和组合性强，既可用于硬地层和超长距离施工，又可用于其他地层和短距离施工，必要时根据土质条件可扩径使用，故设备使用率高；

⑥ 长距离顶管施工中，中继间使用双胶圈接头，可以做到施工过程不漏水。

⑦ 相对于盾构，工作井尺寸小很多，工程费用低。

（3）浅埋暗挖法。

浅埋暗挖法是一种在离地表很近的地下进行各种类型地下洞室暗挖施工的方法。在明挖法、盾构法不适用的条件下可采取此工法，如北京长安街下的地铁修建工程，浅埋暗挖法显示了巨大的优越性。

浅埋暗挖法施工步骤是：先将钢管打入地层，然后注入水泥或化学浆液，使地层加固。开挖面土体稳定是采用浅埋暗挖法的基本条件。地层加固后，进行短进尺开挖，每循环进尺为0.5~1.0m。随后即作初期支护。再在初期支护内表面施作防水层。开挖面的稳定性时刻受到水的威胁，严重时可导致塌方，因此处理好地下水是非常关键的环节。最后，完成二次支护（二衬）。一般情况下，可注入混凝土，特殊情况下要进行钢筋设计。当然，浅埋暗挖法的施工需利用监控测量获得的信息进行指导，这对施工的安全与质量都是重要的。

浅埋暗挖法既可作为独立的施工方法，如北京西单地铁站完全以此方法建成；也可以与其他施工方法综合使用，如天安门西站、王府井站、东单站则是用浅埋暗挖法与盖挖法相结合的方法修建的。北京地铁部分区间隧道则是用半断面插刀盾构法与浅埋暗挖法相结合的方法建成的。浅埋暗挖法与其他施工法有很强的兼容性。

8.8　附属工程设计

1. 消防设计

消防设计时应考虑综合管廊舱室内容纳管线的火灾危险性，火灾危险性分类见表8.8-1。

表 8.8-1　火灾危险性类别

舱室内容纳管线种类	舱室火灾危险性类别	
阻燃电力电缆	丙	
通信线缆	丙	
热力管道	丙	
雨水管道、给水管道、再生水管道	塑料管等难燃管材	丁
	钢管、球墨铸铁管等不燃管材	戊

注：当舱室内含有两类及以上管线时，舱室火灾危险性类别应按火灾危险性较大的管线确定。

根据《建筑设计防火规范（2018年版）》GB 50016—2014和《城市综合管廊工程技术规范》GB 50838—2015要求，综合管廊结构耐火等级为一级。

根据综合管廊规范要求应注意以下几点：

（1）综合管廊主结构体应为耐火极限不低于3.0h的不燃性结构；

（2）综合管廊内不同舱室之间应采用耐火极限不低于3.0h的不燃性结构进行分隔；

（3）除嵌缝材料外，综合管廊内装修材料应采用不燃材料；

（4）综合管廊交叉口及各舱室交叉部位应采用耐火极限不低于3.0h不燃性墙体进行防火分隔，当有人员通行需求时，防火分隔处的门应采用甲级防火门，管线穿越防火隔断部位应采用阻火包等防火封堵措施进行严密封堵。

根据综合管廊规范要求，干线综合管廊中容纳电力电缆的舱室，支线综合管廊中容纳6根及以上电力电缆的舱室应设置自动灭火系统；其他容纳电力电缆的舱室宜设置自动灭火系统。综合管廊内应在沿线、人员出入口、逃生口等处设置灭火器材，灭火器材的设置间距不应大于50m，灭火器的配置应符合现行国家标准《建筑灭火器配置设计规范》GB 50140的有关规定。

2. 排水设计

由于综合管廊内各种管道维修时放空、供水管道泄漏、管廊伸缩缝及管廊管线进出点渗水等情况，将造成一定的沟内积水。综合管廊内应设置自动排水系统（图8.8-1）。

图 8.8-1　排水装置

综合管廊结合防火分区，综合管廊的排水区间长度不大于200m。在每个防火（防水）分区低点设置集水坑及自动水位排水泵。另外，综合管廊排出的废水温度不应高于40℃。

3. 通风设计

综合管廊通风考虑管廊内余热、余湿，保证人员检修时新鲜的空气量。综合管廊宜采用自然进风和机械排风相结合的通风方式（图8.8-2、图8.8-3）。

综合管廊的通风量应根据通风区间、截面尺寸计算确定，并应符合下列规定：

（1）正常通风换气次数不应小于2次/h，事故通风换气次数不应小于6次/h。

（2）综合管廊的通风口处出风风速不宜大于5m/s。

（3）综合管廊内应设置事故后机械排烟设施。综合管廊舱室内发生火灾时，发生火灾的防火分区及相邻分区的通风设备应能够自动关闭。

（4）地上通风口应设置在内部易于人力开启，且在外部使用时非专业人员难以开启的安全装置。

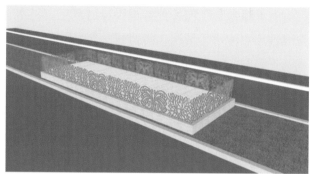

图 8.8-2　通风口

图 8.8-3　通风装置

通风系统控制要求：

消防联锁。合管廊电舱内，当有火灾报警信号时，关闭排风机和防火阀，切断管廊通过排风井和进风井的空气通道。此时，应关闭本分区及相邻分区的通风设备。待完成灭火后，开启排风机排除管廊内烟雾，便于人员进入管廊进行维修。

氧气浓度风机联锁。管廊属于封闭型地下构筑物，废气的沉积、人员和微生物的活动都会造成舱内氧气含量的下降，故管廊须设置测量含氧量的装置。当氧气浓度过低时，检测仪报警，自动开启排风机，保证新鲜空气进入管廊。仅当管廊内氧气指标达到要求时，工作人员方可进入。

4. 电气设计

1）设计原则

（1）配电系统安全可靠，技术先进，经济合理，接线简单，维护方便以及节能。

（2）低压配电系统电源采用220/380V，接地形式采用TN-S系统。

（3）综合管廊内的风机、水泵的配电方式主要采用放射式，照明配电采用放射式和树干式相结合的方式。

（4）配电照明系统电压等级主要有：

① 配电、照明：交流220/380V；

② 应急照明：直流36V；

③ 安全照明：交流24V。

（5）低压配电设计根据防火分区的长短及使用的要求综合考虑，根据发展的可能性，在动力照明配电箱处留有适当数量的备用回路。

（6）用电设备根据各专业需要采用就地或远程控制方式。

（7）双电源末端切换均采用PC级双电源切换装置，同一配电箱内在双电源切换装置上口两路进线处分别设置用于检修双电源切换装置的负荷开关。

（8）负荷分级及供电要求根据各类设备用途和重要性，综合管廊内的用电设备负荷分为两级。

（9）二级负荷：消防设备、监控与报警设备、应急照明设备、天然气管道舱的监控与报警设备、管道紧急切断阀、事故风机等。

（10）三级负荷：普通照明、非天然气舱风机、排水泵、检修电源等。

2）变配电系统

根据综合管廊的用电负荷统计，设置箱式变电站，内设高压环网柜（一进两出）以及10/0.4kV干式变压器，变压器接线组别采用D/Yn11，并设防浪涌保护装置。采用低压集中无功补偿方式，在0.4kV母线上设置自动投切无功补偿装置，分组投切补偿电容器组。补偿后功率因数控制在0.95左右。

低压采用TN-S接地系统。

采用高供高计的计量方式，并根据有关部门的规定装设计量仪表。

3）动力设备的配电和控制

在综合管廊内为每段防火分区设置一台动力照明配电箱，负责该防火分区内动力照明设备的配电控制。对于风机、排水泵，就地设置专用控制箱对设备进行配电和控制。综合管廊内沿线设若干检修插座箱，检修箱的间距不超过60m，供施工安装、维修等临时接电使用。天然气管道舱的检修插座箱采用防爆型设备，同时，只有在天然气管道舱处于检修工况且舱内泄漏气体浓度低于爆炸下限值的20%时，才允许向检修插座箱供电。

设备电动机采用直接启动方式。

综合管廊风机设就地手动操作和监控系统远程操作二级，风机状态信号反馈监控系统，风机控制箱预留消防联动停机接口。

排水泵设水位自动控制、就地手动检修操作二级，最高液位报警信号、排水泵状态信号反馈监控系统。

照明设计：综合管廊内设一般照明和应急照明。普通段照度不小于15lx，人孔、吊装口及防火分区门等处局部照度提高到100lx。每段防火分区内的照明灯具由该分区动力照明配电箱统一配电，在人孔、防火分区门处设手动开关控制，并设监控系统遥控，照明状态信号反馈监控系统。应急照明照度不小于0.5lx，疏散指示间距不大于10m，应急照明灯具附带后备蓄电池，应急时间不小于60min。

照明灯具光源以节能型荧光灯或LED为主，荧光灯灯具内采用高效节能电感镇流器，灯具均配置电容补偿装置，补偿后$\cos\phi \geq 0.9$。疏散指示标识灯采用LED光源。综合管廊内照明灯具为防触电保护等级防护等级Ⅰ类设备，设专用PE线保护；灯具防水防潮，采用IP65，并具有防外力冲撞的防护措施。图8.8-4为管廊内部照明实例。

图 8.8-4　管廊内部照明实例

综合管廊的接地：综合管廊内集中敷设了大量的电缆，为了综合管廊的运行安全，设置可靠的接地系统。利用构筑物主钢筋作为自然接地体；在综合管廊结构体内，将各个构筑物段的建筑主钢筋相互连接，构成主接地网系统。在综合管廊内壁每隔50m处埋设有与结构钢筋相连的接地扁钢，综合管廊内所有电缆支架、管道支架、电缆金属保护皮、金属管道以及电气设备不带电的金属外壳，均通过接地干线与此接地扁钢（设置接地端子排）可靠连接，形成可靠接地。接地电阻不大于1Ω。对于天然气管道舱，在爆炸危险区域不同方向，接地干线不少于两处与接地体连接。

综合管廊的电缆敷设与防火：在综合管廊内电缆隧道的两侧布置电力电缆支架，电力电缆支架采用热镀锌处理、表面光滑的角钢电缆支架。综合管廊风机、应急照明、综合管廊监控设备等采用耐火电缆，其他动力采用阻燃电缆。综合管廊内自用电缆沿专用电缆桥架敷设，电缆出桥架采用穿钢管明敷形式引入设备，照明敷设采用穿钢管沿沟顶明敷方式。安全照明敷设采用穿PVC管沿沟顶明敷方式。

在综合管廊内相隔约200m处设置防火分隔，相邻两个防火分区内通过防火门互相连通，电缆引至电气设备的开孔部位，电缆贯穿隔墙、楼板的孔洞处，电缆管孔等均采用对电缆不得有腐蚀和损害的防火材料实施封堵。耐火电缆或导线穿金属钢管保护，并采取涂防火涂料等防火保护措施。防火墙采用适合电缆线路条件的阻火模块、防火封堵板材、阻火包等软质材料，并且在可能经受积水浸泡或鼠害时具有稳固性。防火封堵的材料按等效工程条件的标准满足耐火极限不低于1h的耐火完整性、隔热性的要求。

4）电气设备选择

（1）设备选型首先考虑确保运营安全，技术可靠成熟并经过长期运营考验，性能稳定的设备。

（2）所选用的设备应为防火、防潮、防霉三防产品及低噪声、低损耗、免维护或少维护的设备，防护等级不低于IP54。

（3）各种配电箱、柜的生产制作单位应为国家认可单位。

（4）综合管廊内的照明灯具以采用技术先进、安全可靠、节能环保、价格合理的灯具为主。

5）节能措施

（1）合理确定综合管廊用箱式变电站的位置，尽量设置在用电负荷中心，减少电缆长度，并确定了合理的电缆截面，达到减少电力线路电能损耗的目的。

（2）在综合管廊照明产品的选择上，选择高效、节能的光源、灯具及附件，节约照明用电；并且根据防火分区分段照明、分段控制，且可远程监控。

5. 火灾报警系统

在监控中心的消防控制室设置机柜式火灾报警控制器、消防联动控制器、琴台式图形显示装置以及机柜式消防专用主机（图8.8-5）。

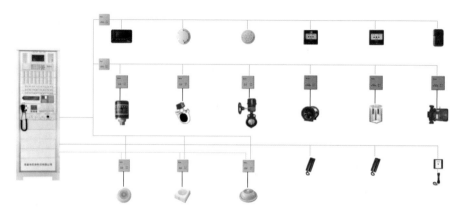

图 8.8-5　火灾报警系统设计

消防控制室设置在管廊监控中心内，与监控中心合用。消防设备应集中设置，并应与其他设备之间有明显间隔。

消防控制室火灾报警设备由供配电专业提供消防电源。

在每条路特定的机柜室内还分别设置有壁挂式火灾报警控制器和消防联动控制器，并用光纤接入设置在监控中心消防控制室内的火灾报警控制器。

在管廊内电力电缆表层设置缆式线型感温火灾探测器，并在舱室顶部设置点式感温火灾探测器、感烟火灾探测器；在风井机柜室内设置智能光电感烟探测器。在各防火分区内还设有相应的声光报警器、手动报警按钮，并设置联动控制模块与防火阀联锁。

每个防火分区应至少设置一个手动火灾报警按钮。从一个防火分区内的任何位置到最邻近的手动火灾报警按钮的步行距离不应大于30m。手动火灾报警按钮宜设置在疏散通道或出入口处。手动火灾报警按钮选用含有消防电话插孔的类型。

火灾光警报器应设置在管廊出入口、机柜室门口、防火门等处的明显部位，且不宜与安全出口指示标识灯具设置在同一面墙上。

火灾报警系统相关联动控制如下：

（1）管廊舱室内发生火灾时，发生火灾的防火分区及相邻分区的通风设备应能够自动关闭。

（2）消防联动控制器应具有切断火灾区域及相关区域的非消防电源的功能。

（3）消防联动控制器联动开启相关区域安全技术防范系统的摄像机监视火灾现场。

（4）消防联动控制器应具有打开疏散通道上门禁系统控制的功能。

（5）消防电话系统采用总线制接线方式，消防电话主机设置在监控中心控制室内。

（6）火灾报警系统接收轴流风机关闭信号，风机关闭信号取自自动控制系统。火灾时切断其他非消防电源。

6. 安全防范系统设计

在管廊出入口等重要位置设有安全防范用监控摄像机。在管廊出入口处设置门禁系统，实现对开门权限的明确限定，并对人员的进出情况进行记录，以备查询。在通风口设置红外防入侵探测器对设防区域的非法入侵、盗窃、破坏和抢劫等进行实时、有效的探测和报警。

以上信号均集中传送至控制中心监视。

7. 综合通信系统设计

为了便于管理人员日常通信以及管廊内巡检联系，设置综合通信系统：在通风口旁设置对讲话站一部、无线中继台一套。系统主机在管廊集中控制室，并配置一个PC型对讲话站统一调度管理所有系统终端设备。系统预留扩展能力。

系统具备以下功能：有线对讲通信，无线通信，有线、无线综合通信。

8. 监控系统设计

为了方便管廊的日常管理，确保管廊的安全性及确保管廊内各种管线的安全运行，根据安全可靠、先进、经济实用的配置原则，为其配备管廊监控系统。

综合管廊的控制系统肩负着监视各条管廊的运行情况、按照设置条件启动风机及水泵、管廊内管线泄漏报警、火灾报警联锁保护动作、管廊内照明系统监视等重要工作，以方便综合管廊的日常管理、增强综合管廊的安全性和防范能力。

在管廊的各人员出入口附近及电气舱防火分区内每隔不超过100m设置氧气浓度、温度、湿度检测仪表，在各防火分区的集水坑中设置液位检测仪表。

在集中监控中心控制室中配备多个便携式四合一气体浓度检测仪，以便维修操作人员进入管廊进行检修作业时佩戴使用。

检测项目包括：集水坑的水位（超高）信号，通风设备、管廊排水泵的工作状态信号，温度、湿度检测信号，氧气及可燃气体含量检测信号，灭火系统的工作状态信号，火灾报警联锁信号（采自火灾报警系统）等。参见监控系统网络配置图8.8-6。

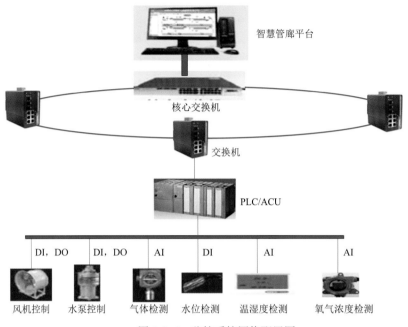

图 8.8-6　监控系统网络配置图

9. 标识系统设计

（1）在综合管廊的主要出入口处设置综合管廊介绍牌，对综合管廊建设时间、规模、容纳管线等情况进行简介。

（2）纳入综合管廊的管线，应采用符合管线管理单位要求的标识进行区分，并应标明管线属性、规格、产权单位名称、紧急联系电话。标识应设置在醒目位置，间隔距离不大于100m。

（3）在综合管廊内设置"禁烟""注意碰头""注意脚下""禁止触摸"等警示、警告标识。

（4）在综合管廊的设备旁边设置设备铭牌，铭牌内注明设备的名称、基本数据、使用方式及其紧急联系电话。

（5）管廊内部应设置里程标识，交叉口处设置方向标识。

（6）吊装口、抽头位置在地下。为确定其位置，在吊装口、抽头上方地面设置标示桩，注明吊装口、抽头种类、埋深等信息。

9 施工

9.1 现状分析

城市地下综合管廊的概念起源于19世纪欧洲。自1833年巴黎诞生了世界首条地下综合管廊系统后，德国、日本、西班牙等发达国家相继开始兴建综合管廊工程。经过100多年的探索、研究、改良与实践，城市地下综合管廊的技术水平已完全成熟。

总体上，我国综合管廊建设起步较晚，技术尚不成熟。近年来，随着国家经济水平的不断增长，全国各地对市政基础设施的建设标准不断提升，尤其是土地资源紧缺，对地下空间综合利用逐渐引起重视。各地结合市政道路建设标准的提高和对地下空间利用的需求，纷纷探索通过建设综合管廊来提升城市市政基础设施的建设水平和提高城市地下空间的综合利用，通过建设综合管廊以求达到市政道路地下空间的集约化使用和可持续发展。如北京、广州、上海、西安、济南、宁波、深圳、昆明、南宁、哈尔滨、合肥、佳木斯等大中型城市都已经建成或正在准备建设综合管廊。

虽然国内已完成大量综合管廊建设，但是综合管廊施工过程中仍存在诸多问题，主要体现在以下几个方面：

（1）管廊施工工法偏于传统，仍以明挖现浇为主，机械化水平不高，难以适应未来复杂环境下的综合管廊建设。

目前，国内综合管廊项目主要以城市新建区、开发区为主，地面空间足够宽裕，施工环境简单，地下管廊仍是沿用传统地下工程施工方法，以明挖现浇施工为主，同时，可有效控制施工成本。从技术角度看，明挖现浇施工技术较为成熟，工艺难度并不复杂，工程难度也相对可控，便于在全国范围内大规模推广。但是，明挖现浇法施工综合管廊，施工机械化程度不高，施工质量参差不齐，投入人工成本较高，建筑材料消耗量较大，后期结构渗漏及变形缝开裂频发。

新区建设的管廊施工技术较为简单成熟，但老城区施工难度仍然较大。对于饱受"拉链马路"困扰、真正需要管廊的中心城区、老城区、人口密集区而言，如何施工管廊仍是一个较为复杂的问题，需要解决地上（围护、封路、交通协调）及地下（地下统筹规划、旧管线拆除）等一系列难题后，方可妥善解决。

（2）管廊建筑材料仍是沿用钢筋混凝土，形式过于传统单一，难以满足未来综合管廊绿色施工的要求。

钢筋混凝土是从 19 世纪中叶开始被逐渐采用，到目前为止，钢筋混凝土的发展极为迅猛，并且已经成为现代地下结构中使用最为广泛的建筑材料。钢筋混凝土由钢筋和混凝土两种材料共同组成，在使用过程中，钢筋和混凝土两者也是共同受力。虽然钢筋混凝土的出现到今天时间不长，但是钢筋混凝土结构在材料制造、计算理论以及施工技术等方面都已经得到飞速的发展，并且还将继续快速发展下去。在国内地铁、公路、人防工程、建筑工程等各个领域，钢筋混凝土都是主要建筑材料。

但是，随着国内经济水平不断发展，经济发展带来的环境污染问题日益严重，国家及各地方政府在重视基础设施建设的同时，更加关注城市环境的保护。综合管廊一味采用明挖现浇法难以满足环保要求（图 9.1-1）。

（a）   （b）

图 9.1-1　现浇管廊施工现场

① 现浇作业制造的垃圾较大，而建筑垃圾处理又一直是困扰城市发展的一大难题；

② 湿法现浇作业环境污染严重，浪费水资源，粉尘污染，噪声污染等问题十分严峻；

③ 现浇作业大部分为人工在施工现场作业，受天气影响大，不利于工程质量的提高；

④ 劳动效率低下，随着建筑工人工资的不断上涨，传统的建筑行业造价越来越高；

⑤ 施工工期较长，材料浪费比较严重。

与此同时，混凝土原材料的生产过程也会导致严重的环境污染问题。传统的钢筋混凝土虽然性能优越，但产生的碳排放量太过惊人，光是水泥一项就占了人类全部工业生产排放量总和的 8%（图 9.1-2）。此外，钢筋和混凝土的生产还排放大量的废气和污水，造成严重的环境污染问题。国内各施工企业在综合管廊施工中，开始逐步探索用新型材料代替传统钢筋混凝土材料，降低管廊施工对环境的污染。

（a）   （b）

图 9.1-2　水泥厂现状

（3）管廊施工管理技术水平较低，施工工效不高，施工质量参差不齐。

① 管理人员的综合素质不高。

与其他工程面临相同的问题，综合管廊施工管理同样面临缺乏高素质工程管理人才的问题。主要表现在：a. 工程管理人才缺乏专业的管理理念；b. 工程管理人才的工程技术能力素质较低。

综合管廊管理人才要求其既懂得现代管理理念，又懂得管廊工程技术，这才是工程项目管理真正需要的人才。缺乏专业管理理念的管廊施工管理人员不能实现资源的优化整合，众所周知，工程管理人员不仅仅要在工程技术上具有较强的能力素质，同时，也需要兼备着现代的管理理念，才能实现资源的最大效用。在工程管理人员进行资源的管理时，由于其工程技术能力素质低，往往做出的决定缺乏实际操作的可行性，不能实现工作质量和效率的提高。

② 管廊工程管理理念缺乏创新。

综合管廊施工中没有对建筑材料、设备和人员进行全面、科学的管理，这不仅会影响施工质量和效率，还会造成建筑材料和能源的浪费。此外，不当的施工行为还会引起过多的噪声和扬尘，严重破坏城市环境。

目前，综合管廊仍然沿用传统地下工程的工程管理理念，制约着现代工程管理的创新。创新是一个建筑企业未来发展的竞争力，目前，工程管理的人员没有意识到创新在工程管理理念中的重要性，导致我国综合管廊的工程管理技术、管理体制、管理活动缺乏创新发展的动力，同时也引发了一系列相关的问题。缺乏创新工程管理理念的建筑企业，在同行业的竞争中也更多地会处于劣势地位，也不利于企业的长远发展。

③ 管廊工程管理体制不够完善。

工程管理是以法律法规和体制为基础的，但就现阶段我国的综合管廊工程管理现状来看，管廊工程管理体制不够完善，部分建筑企业没有意识到管理体制的重要性。在一个地下管廊工程项目开展的时候，项目负责人为追求效益的最大化，盲目地降低成本，在工程管理人员的数量以及质量上，做出不合理的操作决定，导致部分相关管理部门或者是管理机构不能发挥其作用，最后致使工程项目的质量与开展项目的初衷背道而驰，无法使工程质量得到保证。由于工程管理体制不够完善，使得我国综合管廊工程管理缺乏强有力的制约手段，其规范化、标准化和科学化难以达到要求。

（4）缺乏绿色环保意识。

在综合管廊施工过程中，施工单位在工期目标的压力下，一味追求施工进度，而忽视管廊施工带来的环境污染问题。一些城市在地下综合管廊项目的准备、设计、建设和管理等方面，没有贯彻绿色环保理念，对绿色施工技术的研发和应用投入不足。同时，一线管理人员和施工人员也缺乏绿色施工意识，导致资源浪费和环境污染现象严重。

9.2 明挖技术

明挖法是目前国内综合管廊建设的最常用施工工法，据不完全统计，国内采用明挖技术施工的综合管廊约占总量90%以上。例如，截至2021年底，雄安新区已建成综合管廊92km（图9.2-1），全部采用明挖法施工（图9.2-2）。

（a）　　　　　　　　　　　（b）

图 9.2-1　雄安新区综合管廊

明挖法适用于场地地势平坦，周边无敏感建筑物且具备大面积开挖条件的地段，在地面交通和环境条件允许的情况下进行，具有施工技术简单、快捷、经济、安全的优点，通常用在城市的新建区，结合道路新建工程同步实施的综合管廊采用。

根据明挖基坑的深度、工程地质和水文地质条件、周边环境情况，基坑支护采用放坡、桩撑支护、桩锚支护等形式，其中围护桩常用钻孔灌注桩、SMW工法桩、钢板桩等形式。

（a） （b）

图 9.2-2 综合管廊明挖法施工

近十年来，特别是《国务院办公厅关于推进城市地下综合管廊建设的指导意见》于2015年8月发布以来，全国各省市的综合管廊规划和建设工作相继迅速展开。在新时期发展"绿色建筑"、实行"绿色建造"的大背景下，如此大规模的综合管廊工程建设为综合管廊的建设施工技术提出了新的挑战。

明挖现浇法施工虽然技术成熟、安全可控，但是该项技术暴露出诸多问题，例如，施工污染严重、机械化程度不高、施工效率低下、施工工期较长等，无法满足绿色建造要求。近年来，管廊施工企业意识到明挖现浇存在的问题，在管廊的施工实践中，开始从多个角度不断摸索改进综合管廊明挖现浇工艺，使其更适合未来综合管廊的发展要求，例如，各类移动式模板台车、预制拼装技术等。

1. 移动式模板

综合管廊采用传统现浇混凝土工艺施工时，需要根据管廊尺寸通过人工专门加工模板,再将模板进行现场拼装,模板拼装质量难以保证,同时,增加了人工成本,延长了施工周期。目前,国内已出现采用机械安装移动式模板代替人工拼模,大大提高综合管廊施工效率和施工质量。

用于西安综合管廊的多舱综合管廊专用组合定型钢模板及支撑体系就是一个成功实例,该施工方法是根据管廊断面特点,设计、制作适宜的多舱综合管廊专用组合定型钢模板及支撑体系,主要由"钢制一体化内支撑"及钢制外模板组成,在加工厂内提前集中加工完成,运至现场周转使用,制作的钢制一体化内支撑及钢制外模板具有足够的承载能力、刚度和稳定性,能可靠地承受浇筑混凝土的重量、侧压力以及施工荷载(图9.2-3)。

参照隧道暗挖二衬台车的施工原理,改变其结构、形状、功能及适用性,通过在管廊钢模板顶部使用专用的带卡口的长条形钢桁架横梁,将上端固定住;底部固定则采用在垫层浇筑前预理可调节的固定螺栓。如此底板、顶板均有固定装置,两侧使用土方临时填充在外侧钢模板和边坡之间,利用临时回填土自重抵抗混凝土浇筑产生的侧压力,将整个系统上下左右全包围牢牢固定住。

(a) (b)

图 9.2-3 组合定型钢模板及支撑体系

移动式模板的使用有效地降低了模板拼装的人工成本,缩短了施工工期,从而减小管廊施工对周边环境的影响。

2. 预制拼装技术

综合管廊的预制装配技术与普通建筑结构的预制装配技术类似,是将管廊部件预制后在现场拼装成整体结构的一种综合管廊施工方式。与现浇式相比,在综合管廊施工中采用预制装配技术,可有效缩短施工周期,减少人工成本,提高构件质量,减少对环境的影响,并且可以有效降低施工风险,被认为是综合管廊的

"绿色建造"技术。

装配式综合管廊的主要构件在工厂预制、主体结构在现场拼装成形，整个建造过程可显著减少现场作业，减少人工、减少污染、降低成本，从而实现绿色建造的目标。国务院办公厅印发《关于推进城市地下综合管廊建设的指导意见》明确指出"推进地下综合管廊主体结构构件标准化，积极推广应用预制拼装技术，提高工程质量和安全水平，同时有效带动工业构件生产、施工设备制造等相关产业发展。"

我国现有的综合管廊结构体系，绝大部分为钢筋混凝土结构，其装配工法可分为全预制装配式和部分预制装配式两种类型，前者又可分为整节段预制装配式、分块预制装配式两种情况，后者则可分为顶板预制装配式、叠合装配式两种。

1）节段预制装配式

节段预制装配技术是将综合管廊在长度方向上划分为多个节段，并在工厂将每个阶段整体预制成型、运输到现场通过一定的连接方式将相邻节段进行拼装形成整体结构的一种技术（图9.2-4）。该技术的预制装配率很高，几乎达到100%，且通常采用承插连接、预应力或者螺杆连接，因此现场几乎不需要进行湿作业。该技术在日本应用较早，且技术非常成熟。2012年上海世博园综合管廊试验段是预制综合管廊的首次实践，后来在厦门综合管廊中也得到大量的应用。

（a） （b）

图9.2-4 节段预制装配式综合管廊

上海世博综合管廊是国内第一个装配式综合管廊，为单舱矩形断面，断面尺寸为3300mm×3800mm，每个节段长度为2m，在工厂预制完成后在现场拼装成型。

厦门翔安南路地下综合管廊工程（图9.2-5），为双舱圆弧组合断面，其最大断面尺寸为6.7m×4.2m，管节接口采用双O形橡胶圈企口型柔性接口连接。该项目全长约10km，全线全部使用节段预制装配工法建造，是国内第一条全线采用装配式建造的综合管廊。

图 9.2-5　厦门翔安南路地下综合管廊

2）分块预制装配式

分块预制拼装技术是将综合管廊在横断面上分块预制，然后运到现场进行拼装的一种施工技术（图9.2-6）。常见的分块方式是在侧墙中间断开，分成上下两部分，该分块方式对于高度较高的综合管廊非常实用。该方式在日本应用广泛并积累了丰富的工程经验，结果表明分块拼装式综合管廊可大幅降低运输和吊装难度及成本。

与节段预制装配式相比，分块预制装配式既具有与其相同的地方，又具有独特的优势。其相同点在于两者均为全预制拼装式，现场几乎不需要湿作业，安装效率较高；两者的连接方式及连接接头的做法基本类似，在连接部位均可采用企口形式、采用预应力连接或者螺杆连接；接头位置均可设置橡胶止水带进行接头防水。

不同点在于，分块预制拼装可以缩小单个构件的尺寸以方便运输和安装，因此更加适用于断面较大的情况，而整节段预制拼装对于大断面的情况其生产施工成本急剧增加，但是分块预制安装因为减小了单块的尺寸而使连接接头数量大增，对于部品的预制精度、施工安装的质量控制，均提出了更高的要求。该工法在国内综合管廊建设中还鲜有应用。深圳市石清大道二期综合管廊工程局部采用预制拼装技术，是目前国内最大设计规模分体式四舱矩形综合管廊。

（a）

（b）

图 9.2-6 分块预制装配式综合管廊

3）顶板预制装配式

顶板预制拼装工艺是结合现浇工艺优势与预制工艺优势研究提出的一种新型工艺，其工艺原理是管廊底板及侧墙采用现浇、顶板采用预制安装的方式进行综合管廊主体结构的建造。该技术最大的优势在于将顶板采用预制装配工法施工，可免除现浇式工法中顶板模板的安装及脚手架的拼装和拆除，在目前阶段预制装配工法整体技术尚不成熟、施工难度较大的情况下，这不失为一种折中的办法。

中国建筑股份有限公司技术中心在包头市综合管廊的工程中，选取了标准断面区间的6m长试验段，对顶板预制装配式工法进行了验证。标准断面为双舱矩形断面，外轮廓尺寸为8050mm×3350mm，试验段预制顶板宽度取1.5m，共计4块，单块重量为5~6t。预制顶板纵向采用企口接缝，接缝处设置遇水膨胀止水条，然后进行灌浆处理，顶板两侧与现浇段相接之处预留安装钢边止水带的后浇带。

4）预制叠合式

叠合装配式综合管廊是根据管廊结构受力特点，将现浇管廊结构拆分成现浇底板、叠合式双层外墙板、叠合式双层中隔墙板和叠合式单层顶板，再浇筑混凝土连成整体的新型结构体。即一种工厂化预制与现场浇筑相结合的施工工艺，采用预制构件代替模板进行现场拼装，最后浇筑成型（图9.2-7）。

全预制拼装技术虽然与现浇式相比具有很大的优势，但其本身也有一些不足之处，其中典型的问题有运输吊装机械、场地要求高、成本高、整体性差和防水质量控制难等。为解决这些问题，预制叠合拼装技术应运而生。预制叠合技术即通过叠合式预制板的安装，辅以现浇叠合层及加强部位混凝土结构，形成共同工作大板构件，从而进一步形成综合管廊主体结构。

（a）　　　　　　　　　　　　　　　　（b）

图 9.2-7　预制叠合式综合管廊

中国二十冶承建的长沙高新区综合管廊首次采用叠合装配式技术，施工首先安装预制底板并绑扎底板钢筋，然后安装预制墙板和预制顶板，最后浇筑混凝土将所有预制板连接形成整体结构。现场施工工人由原来的60多人减至10人，每块墙板安装过程仅需15min，每组工人每天可安装30余块墙板，一个24m标准段的墙板安装只需5d时间，大大缩短了现场施工工期。

5）大吨位预制拼装

综合管廊采用预制拼装技术，由于管廊接缝较多，管廊渗漏水问题一直以来是预制装配技术难题，多年来，管廊建设者采用各种防水材料和措施去解决拼装接缝处的管廊渗漏水问题，而雄安新区率先采用大吨位综合管廊预制拼装技术，如图9.2-8所示，综合管廊采用长节段、大吨位预制拼装技术，成功避开了管廊多接缝的难题，同时极大地提升了综合管廊的施工效率和质量。

2021年8月，雄安新区利用创新技术实施的首个长节段、大吨位预制拼装综合管廊成功完成加设，该综合管廊由一个燃气舱、两个电力舱和一个综合舱组成，单节综合管廊重达400t。

与现浇结构相比，预制拼装技术虽然具备施工工期短、机械化程度高、施工质量容易保证等明显优势，但是，不同道路的综合管廊断面尺寸是根据入廊管线的种类、数量进行针对性的设计，往往尺寸相差较大，预制管廊则需要加工不同尺寸的模板，因此，对于未达到一定规模的综合管廊，如采用预制拼装法施工，则具备明显的经济劣势。

（a）   （b）

图 9.2-8 雄安新区大吨位综合管廊拼装

9.3 非开挖技术

综合管廊采用明挖法施工，其要求中断交通的时间较长，或者需要交通导改作业，施工噪声与渣土粉尘等对环境有一定的影响，除需要进行大范围的管线迁改或建筑物拆除时，对城市交通影响较大，在环境复杂中心城区内难以实施。

中心城区是未来综合管廊建设的重点区域，但中心城区街道狭窄、人员出行密集的特点，是制约中心城区管廊施工作业的不利因素，以往一味追求施工进度和工程体量的传统施工技术，已明显不适合未来综合管廊建设。为适应综合管廊未来的发展方向，其施工技术必然朝向以环境影响小、工程造价低、施工工期短为目标的技术创新型发展，实现管廊施工的低碳环保。

与明挖法相比，非开挖技术可以在不影响地面交通和环境的条件下，实现综合管廊的施工。常见非开挖技术包括顶管法、浅埋暗挖法、盾构法等。

1. 顶管法

由于顶管施工技术具有综合成本低、施工周期短、环境影响小、不影响交通、施工安全性好等优点，在国内综合管廊施工中得到广泛的应用，特别是综合管廊下穿公路、铁路等重要设施，不具备明挖条件时，局部下穿段落采用顶管法代替明挖法施工。

由于顶管法施工技术成熟、工程造价较低，目前管节直径可以做到3.5m，满足容纳不同管线的内部需求（图9.3-1）。目前，国内也出现综合管廊全部采用顶管法施工的案例，例如，西安市西阁公路综合管廊，全长5km，全部采用顶管法施工。

（a）　　　　　　　　　　　　　（b）

图 9.3-1　圆形断面管廊顶管

目前，国内矩形断面顶管技术日趋成熟，常用于地下过街通道、轨道交通建设中（图9.3-2），综合管廊存在矩形顶管施工实例，例如，武汉武九北综合管廊顶管总长度为81m，共54节，顶管尺寸为9.8m×5.2m，覆土厚度5.8~6.6m。与圆形断面相比，矩形断面顶管更加适用于综合管廊建设。

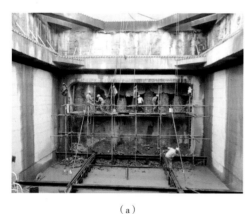

（a）　　　　　　　　　　　　　（b）

图 9.3-2　矩形断面管廊顶管

2. 浅埋暗挖法

浅埋暗挖法，是指在软弱围岩地层中，以改造地质条件为前提，以控制地表沉降为重点，以格栅和锚喷混凝土作为初期支护手段，遵循新奥法理论，按照"管超前、严注浆、短开挖、强支护、快封闭、勤量测"十八字方针进行隧道的施工（图9.3-3）。

浅埋暗挖法以其对地表环境和地下管线影响小、避免拆迁扰民和污染环境等优势，成为综合管廊的重要补充施工工法，但由于其工程造价较高和存在自身施工风险，综合管廊则不会全部采用浅埋暗挖法施工。

（a）　　　　　　　　　　　　　　（b）

图 9.3-3　综合管廊暗挖施工

例如，西安市、石家庄市综合管廊，管廊局部线位需要下穿雨水箱涵、重要道路、地铁结构等重要设施，综合管廊下穿段落均是采用浅埋暗挖法施工。

3. 盾构法

盾构法（图9.3-4）是暗挖法施工中的一种全机械化施工方法。它是将盾构机械在地中推进，通过盾构外壳和管片支承四周土体防止发生往洞内的坍塌。同时在开挖面前方用切削装置进行土体开挖，通过出土机械运出洞外，靠千斤顶在后部加压顶进，并拼装预制混凝土管片，形成隧道结构的一种机械化施工方法。

（a）　　　　　　　　　　　　　　（b）

图 9.3-4　盾构法

国内盾构法常用于轨道交通、地下电力隧道等领域，因为盾构法自身的长距离、深覆土掘进特点，往往以高额的工程费用为代价，来满足综合管廊人员逃生、管线分支、廊内通风等运维需求。所以，盾构法并没有完全大规模应用于国内综合管廊的建设当中。

目前，国内也出现综合管廊采用盾构法施工的案例，沈阳盾构综合管廊工程造价约是明挖施工的 2 倍，高昂的工程造价严重制约综合管廊采用盾构法施工的推广。

但是，盾构法建设地下工程具备掘进速度快、工程风险低、不影响地面交通与设施等明显的优势，特别是适合未来中心城区综合管廊的建设。随着综合管廊的人员逃生、廊内通风等设计方案更加科学、合理，盾构法必将成为中心城区综合管廊建设的主流。

国内常见盾构机长度一般是 90~120m，然而，在环境复杂的中心城区，往往不具备盾构机始发的工作井场地，目前，针对狭窄空间始发问题的常用解决方案是减小始发井尺寸，盾构机分体始发。但是，盾构机分体始发也存在一定问题，工序比较复杂，始发施工风险较高。

面对中心城区盾构始发工作场地紧缺的难题，降低始发对周边环境的影响，广州市 220kV 永福电力隧道采用推盾技术。所谓推盾技术，即为先推后盾，以顶管模式长距离顶进，推进至极限后切换为盾构工法继续掘进。该技术进行分体始发，工作井较常规盾构始发井和接收井小，大致相当于顶管机工作井尺寸大小，对周边环境影响较小，可减少施工征拆难度及费用（图 9.3-5）。

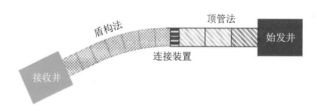

图 9.3-5 推盾法平面示意图

推盾法技术来源于日本，该工法在日本、韩国也有大量案例。而在国内，这方面案例相对较少，由于我国推盾技术发展尚处于起步阶段，很多方面还不成熟，在应用过程中不可避免地会出现一些技术或管理问题待后期解决。如前期个别项目推盾机掘进过程中多次出现姿态超限、排泥困难、沉降超限等问题；现有设备模式转换过于单一，只能从顶管工况向盾构工况转换，且转换时间较长，增加了工程总工期。

　　随着这项技术不断深入使用和工程人员的不断探索改进，推盾技术必将更加成熟，是位于复杂环境下综合管廊建设的有效施工工法。

9.4　施工新技术

1. U形盾构技术

　　利用盾构设备推进和盾壳内拼装管节的原理，结合明挖法简便、经济的特点，研发综合管廊施工专用U形盾构掘进（图9.4-1）。设备采用敞开式外壳作为开挖后土体的围护结构，随盾构推进而循环前进，形成刚性移动式支护结构；两侧设置伸缩插板，可插入开挖面两侧土体，作为其临时支护；采用通用设备每挖掘一个管节长度后，吊放管节，然后推进油缸压紧管节，用预应力锚索将相邻管节连接固定，同时推动U形盾构前行；已完成段管节的上部和侧部可及时回填，恢复场地。

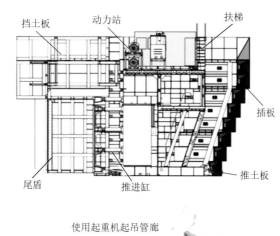

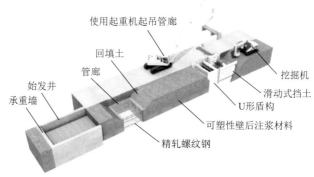

图9.4-1　U形盾构

　　U形盾构采用盾壳形成可移动式支护结构，管廊基坑开挖、构件安装、盾构机推进循环进行，创新性地将需要提前施作的围护结构体系转变为可重复使用的、移动式、机械化操控的围护结构。这样，不仅在工序上省去了明挖施工时现场施作围护结构的工作量和由此产生的大量建筑垃圾，而且在结构受力上，其影响区域和范围也大为减小。

对于传统明挖管廊，基坑开挖多采用排桩加内支撑的支护体系，按照弹性地基梁法，支护桩受力模式。桩身受侧向土压力作用，开挖面以上支撑可看作一个弹性支点，开挖面以下土体可用一系列土弹簧作用代替，即将支护结构看作一个弹性支撑的地基梁。开挖时，随开挖面的下移，开挖面以上的桩身承受载荷不断增大，桩体需具有较大的嵌固深度和抗弯剪强度，在这种受力模式下，基坑开挖对土体和周边环境存在较大的扰动，且其影响范围较大。

U形盾构施工时，盾体作为开挖时的移动式支护结构。设备底部和两侧的角部为刚性连接，两侧盾在顶部设置有连系梁，支撑着两侧板，可将盾壳看作刚架受力；盾体两侧承受土体压力，底部受坑底土体卸荷回弹的反力作用；同时，盾体底部相比传统明挖，相当于先行施作了结构底板，可有效减少基底土体回弹，在该受力模式下，基坑开挖对周边土体扰动小，影响范围小，且可有效控制周边土体变形，基坑封闭时间短。

针对该工法研制了配套的U形盾构机，该设备上部为敞开结构，主体由伸缩护板、中部盾体和尾部盾体构成，整体呈U形。通过采用模块化和标准化设计，其断面可适应不同工程需要。

（1）绿色环保污染少。

仅需开挖管廊断面范围内土体，占地面积小，开挖方量少且渣土外运少，无废弃工程量。相同条件下，相比传统1∶1放坡开挖，每延米可减少开挖量约40%，减少渣土外运和回填工程量80%，减少长距离渣土运输次数80%。

（2）安全、质量更可靠。

将基坑作业长度控制在10~15m，24h内即可回填，缩短了基坑暴露时间，降低了基坑临边作业的安全风险；路面回填和分层压实质量高，采用预制构件可缩短工期，质量可控且节省材料。

（3）施工经济高效。

相比明挖围护结构，可节省工程造价5%以上，相比模板现浇工艺，可提高工效3倍以上。

（4）围挡范围小、时间短。

每推进完成一循环，即可回填土方、恢复路面，可减小围挡施工范围和缩短施工时间，对周边环境和交通影响小。

（5）机械化、自动化。

设备采用液压驱动，实现自动控制，噪声、振动小，现场施工人员少，可减少人员约50%。

2018年3月顺利完工的椰海大道综合管廊就是采用U形盾构施工。椰海大道综合管廊是干支混合型综合管廊，管廊断面为双舱，位于中央8m绿化带下，综合管廊预制段标准段断面的大小是4.95m×8.55m。在K9+398~K9+898段标准段采用U形敞口盾构施工，掘进长度501m。U形敞口盾构施工段管廊分上下2段在预制厂内预制运至现场拼装，管廊容纳220kV电力、110kV电力、10kV电力、给水管、信息等管线。U形敞口盾构段在K9+395~K9+426段施作盾构机始发工作井，盾构机在始发井拼装完成后由小里程向大里程推进，在盾构段尾部施作接收井拆除盾构机。

但是，由于U形盾构在国内属于首次使用，在使用过程中也存在较多缺陷，需在今后不断改进。

（1）前期投入较大，准备周期长。

盾构机造价较高，同时需要新建管节预制厂，前期投入上千万元。同时，盾构机生产和管节厂建设的周期较长，都需要提前数月开始筹划。

（2）设备投入多，专业人员配置较多。

为保证施工顺利进行，设备的操作、维保需要配齐专业人员，对项目人员要求较高。

（3）纠偏性能较差。

虽然U形盾构称之为盾构机，但其与在地铁施工的盾构机的工作原理完全不同，U形盾构没有主动切削刀盘，掘进完全靠挖掘机，挖掘机的开挖质量控制决定了U形盾构的行进方向的精度，如果U形盾构偏离方向，只能依靠前方挖掘机进行超欠挖来实现盾构机的纠偏目的，特别是底部的上下纠偏较难掌握。

（4）防水效果差。

U形盾构采用了一种实用新型专利尾刷装置，在U形盾构机盾尾两侧设尾刷挡板，挡板上各安装一组可拆卸的T形结构尾刷，属于敞开式盾尾刷，尾刷材质为硬质尼龙板。而地铁施工的盾构机尾部设置的是两道环形盾尾刷，盾尾刷采用不锈钢丝并可加注盾尾油脂加以密封，相比于U形盾构硬质材料尾刷在富水地段更能起到防水作用。

2. 混凝土盾喷注技术

"混凝土盾"管道离心喷筑法内衬修复技术（CCCP技术）是将预先配制好的高性能复合砂浆泵送到位于管道中轴线上由压缩空气驱动的高速旋转喷涂器上，浆料在高速旋转离心力作用下均匀甩涂到管道壁上，同时通过专用绞车牵拉喷涂器在沿管道匀速滑行，在管壁形成厚度均匀、连续的内衬（图9.4-2）。

图 9.4-2　混凝土盾技术效果图

混凝土盾非开挖修复砂浆是以水泥等为主要胶凝材料，添加增强纤维、精选细骨料及其他增效添加剂，通过专用生产机械混合并统一包装的非开挖修复材料。混凝土盾具有优良的力学性能、耐久性、抗渗及易喷抹等性能，可在潮湿表面使用，最大输送距离可达100m，主要用于市政检查井、各类排水管道及箱涵、隧道等地下构筑物的非开挖修复和加固。此外，混凝土盾配方中添加有特殊的抗菌成分，使其具备了长期抵御污水硫化氢环境下的微生物腐蚀的性能。

目前，混凝土盾管道离心喷筑法内衬修复技术虽然还没有纳入综合管廊建设工程的实例，但该修复技术是对既有管道修复方式的大胆创新，成功避免常规管道更换带来的环境污染、增加成本等问题，是未来综合管廊建设的重要创新思路之一。

9.5　绿色施工理念

伴随着经济的快速发展和社会的持续进步，我国的能源短缺问题日益严重，实施可持续发展战略是唯一的出路。综合管廊绿色施工是将可持续发展理论应用于其建设领域，转变传统施工发展观念。

综合管廊的绿色建造，绿色施工是保障。我们要在节约资源、减少污染、保护环境的原则下，采取积极的基坑开挖方案、快速的结构施工方案、合理的预留预埋方案、安全的近接施工方案。如图9.5-1所示。

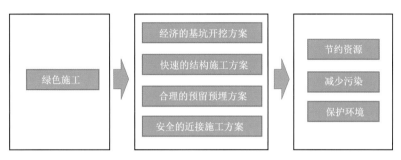

图 9.5-1　绿色施工技术路线图

随着建设水平的不断提高，综合管廊的绿色建造理念将逐步得到大家的认可和重视。从目前的发展趋势来看，未来将朝着一体化、快速化、标准化、规范化、机械化、智能化的方向发展。

1. 三位一体综合管廊建设新模式将得到建设设计人员的青睐

由于综合管廊建设的环境越来越复杂，地下空间开发的程度越来越高，综合考虑未来地下空间的规划、设计、施工于一体的综合管廊建设新模式将得到建设设计人员的青睐，而且也出现了越来越多的大型地下空间项目，比如西安幸福林带地下空间项目，规划有综合管廊、地下停车场、地铁、快速路、地下商业等多种业态，总建筑面积约120万 m^2。

2. 快速绿色的施工新技术将得到大面积的推广应用

纵观国内管廊建设市场，中建、中铁等多个大型央企在快速绿色的施工新技术方面投入了大量的精力和财力来开发新的技术，而且也取得了显著的社会效益和经济效益。目前对于多舱管廊来讲，推荐使用整体滑移体系现浇施工技术、多舱组合预制拼装技术和叠合装配技术。

3. 管廊标准化要求越来越迫切

综合管廊的快速绿色施工离不开管廊的设计标准化，特别是多舱管廊的断面设计、整体预制、特殊节点的施工迫切需要设计标准化，以便真正地做到绿色建造。

4. 管廊设计施工规范化

目前已经颁布实施的国家标准《城市综合管廊工程技术规范》GB 50838—

2015只是一个纲领性文件，具体的实施细则需要相关的行业标准、地方标准、协会标准等来补充和完善。目前国家标准《城镇综合管廊监控与报警系统工程技术规范》正在报批，CECS标准《城市综合管廊运营管理标准》《综合管廊管线工程技术规程》即将召开审查会，《城市综合管廊施工及验收规程》《城市综合管廊工程防水材料应用技术规程》等CECS标准正在编制，一批地方标准也都在制定过程中。相信3~5年内城市综合管廊所需要的设计和施工标准都将编制完成并颁布实施。

5. 机械化施工设备将得到迅猛发展

随着管廊项目规模的不断增大，出现了越来越多的新型管廊施工机械，如代替大型起重机的双向自行走桁架吊装系统，解决预制构件拼装精度问题的预制箱涵运转安装一体化骆驼车，集开挖支护、构件拼装和基坑回填于一体的移动护盾管廊建造机，在很大程度上都可以减轻工人的劳动强度，降低施工技术难度。

6. BIM技术将在综合管廊绿色建造中发挥越来越重要的作用

BIM技术在综合管廊里的应用刚刚开始，但由于其大多数项目都是PPP项目，有极大的可能建立规划设计、施工、管线安全和运营管理的BIM统一管控平台，为综合管廊的绿色建造提供现代化的实现手段。

绿色建造是城市发展的必要条件，会更加受到各界关注，因此，对于城市地下综合管廊的开发与施工必然是未来发展的重要方向，作为相关施工技术人员，更应该提高认识，不断加强关注，积极学习先进技术，从而不断促进城市现代化发展。

9.6 智慧化施工技术

所谓智慧化施工，即为通过构建智慧化施工管理平台，针对综合管廊施工过程中存在的进度慢、质量低、成本高的问题，将其应用在综合管廊施工过程中，从而实现城市地下综合管廊施工中进度、质量、成本的高效管理。

随着国内综合管廊建设的推进，在取得一定成就的同时，也暴露出一些在施工管理方面的问题。传统模式下的施工管理过于粗放，造成城市地下综合管廊施工过程中存在进度缓慢、质量低下、成本过高等问题，不能满足现代化管廊建设的需求。随着信息技术的发展，智慧化施工管理在工程项目建设方面已经占据一席地位，并逐渐取代传统管理模式，将智慧化施工管理手段应用在城市地下综合管廊的建设中，必将会提高综合管廊的综合效益，同时加速推进其进一步发展。

近几年来，国内外对综合管廊的研究逐渐增多，但大多集中在综合管廊的前期可研、设计以及后期的运维管理。针对施工管理，范海林等提出以GIS为基础建立融合新型基础测绘、施工可视化管理、管道运维、安全应急决策等方面的管理平台，实现综合管廊的全生命周期管理；段中兴等提出建立基于STM32嵌入式处理器的城市地下综合管廊的安全预警系统，实现综合管廊施工以及运维阶段的安全管理。

相对而言，城市地下综合管廊施工管理相关研究较少，而且只是针对某一技术在施工管理中的应用，并没有对综合管廊智慧化施工管理涉及到的相关技术进行整体研究。因此，急需形成一套高效、智能的综合管廊施工管理体系，为综合管廊的施工管理提供相应的技术支持。

随着国内信息化技术的发展，将IOT（物联网）、GIS（地理信息系统）、BIM（建筑信息模型）、RFID（无线射频识别）等相关技术进行有机结合，通过构建智慧化施工管理平台，将其应用到城市地下综合管廊的施工管理中，在极大提高施工管理效益的同时，加快综合管廊的实施进程。以数字化信息模型为基础，结合物联网技术，搭建一座连接各信息孤岛的桥梁，进而打破传统模式下建筑业存在的"信息孤岛"的状况，为业主、设计、施工三方提供一个数字化、智能化、集成化的施工管理平台。集成的施工管理平台主要由三个部分构成：

（1）由设计方提供的结构和非结构信息以及通过IOT技术与RFID技术反馈收集的实时信息组成的数据层；

（2）由通过GIS技术和BIM技术构建的进度控制、质量控制、成本管理模型的模型层；

（3）由施工方将模型应用到实际工程中，实现施工进度的模拟与优化、施工质量的跟踪与监控、施工成本的精细化管理的应用层。

通过建立上述智慧化施工管理平台，将地下综合管廊建设中原本分裂的三方有机结合成一个整体，使各方在项目推进过程中，责任更加清晰明确，信息沟通交流更加准确及时，使各方责任更加明确。

当前在实际建设的城市地下综合管廊项目中，有以下四种常见的施工方法：明挖现浇混凝土法、明挖预制拼装法、盾构施工法和顶管施工法。下面主要以常见的明挖预制拼装法为基础，针对其施工过程中易出现的问题进行智慧化施工管理平台的应用研究论述。以期达到对综合管廊施工过程中进度、质量、成本的高效管理，将明挖预制拼装的施工方法的优势发挥到极致。

1. 进度控制

在综合管廊实际施工过程中，明挖预制拼装法不同于现浇混凝土法，会出现由于预制构件生产效率未能达到要求或运输方式选择不当导致构件不能及时运输到施工现场的情况，以及由于生产构件厂商与施工单位沟通不及时导致现场积存过量构件的情况，给施工带来不便的同时，也使施工现场存在一定的安全隐患；还会存在预制构件现场吊装过程中，由于施工人员水平参差不齐，避免不了出现错装、漏装等情况，进而影响施工进度。通过建立 GIS 数字信息模型以及基于 IFC 标准下的 BIM 施工进度控制模型，同时搭配 RFID 技术，实现预制构件生产、运输、进场、存储、吊装过程的虚拟仿真、实时跟踪的交互处理模式下的进度控制。在预制构件生产过程中，植入 RFID 芯片卡，对构件信息的实时追踪并上传到 BIM 模型中，通过基于 BIM 技术的 4D 虚拟施工过程的进度控制模型，将施工过程中每一个环节的工作虚拟化地构建出来，不断的在虚拟的环境下进行工序的演示并发现其中可能出现的问题及风险，并将这些优化过的方案应用在实际施工中，使构件从生产到运输再到现场的吊装环节更加精确通畅，优化施工进度。现场施工过程中每一个时间节点的计划完成工作与现实完成工作，利用 IOT 技术实时上传信息，参与施工各方可以随时了解当前项目的进展，以此来对下一步工作的部署做进一步更加深入、详细的安排，及时对项目进度进行调整，可大大减小因一项工序未能按计划进行进而导致后续大量工作被耽误搁置的影响。这样，即使施工过程中出现进度失控的情况，由于信息的迅速流通，各方可立即做出相应调整。这样从整个工程项目的角度来看，对整体进度的影响会大大地降低，甚至可以忽略。

2. 质量控制

由于综合管廊明挖预制拼接施工法的大部分构件都是预先在工厂统一预制完成的，实现工业化生产，从很大程度上来说，要比施工现场现浇构件的施工工艺质量更有保证，但是也不排除会有个别构件生产过程中出现破坏，以及运输、存储、施工现场二次搬运对构件造成破坏的情况。同时由于施工人员的技术水平参差不齐，一些技术工作会因为操作不规范等原因，造成实际工程达不到设计要求，从而影响综合管廊的质量。通过建立基于 IFC 标准下的 BIM 施工质量控制模型，同时搭配 RFID 技术，实现预制构件生产、运输、进场、存储、吊装过程的信息化、可视化模式下的质量控制。当预制构件生产完成后，在每一个构件上贴上对应的 BIM 模型生成打印的二维码，此二维码中包含该构件的所有相关信息，包括尺寸、结构、安装部位、连接点、生产厂家等一系列内容。当构件运输到施工现场后，施工人员使用二维码扫描器对二维码信息进行读取，直接可以把构件运输到施工现场指定位置进行存储，降低了运输过程及场内的二次搬运对构件可能产生破坏的概率，避免产生质量问题。如若发生不可逆的质量损害问题，生产厂商可根据二维码相关信息重新生产构件，将因构件质量问题对整体工程的影响降到最低。在现场吊装过程中对施工过程进行模拟，施工人员只需将自己的实际经验和规范的操作有机结合进行施工，这样也可大大避免由于施工人员的技术水平不一致可能造成的施工质量的问题，使得安装效率和质量大大提升。在施工过程中，通过RFID技术，对建筑物各个节点进行全天360°的监控，搭建互联平台，通过BIM参数化平台，建立与IOT相关联的质量信息控制模型，对实际工程项目的质量进行实时监控，通过与可视化模型的对比，及时发现质量问题，在省去大量工程监理工作量的同时，也有助于综合管廊质量的提升。如若出现质量问题，通过前期构件出厂时的追踪信息，可以快速找出问题所在以及责任人，以便可以迅速做出反应，对问题点及时进行补救，将质量问题对工程项目所带来的影响降到最低。

3. 成本管理

在综合管廊施工过程中一旦产生设计变更，已经预制完成的构件将成为建筑垃圾，同时需要生产新的构件，这样便会造成项目成本上升；由于明挖预制拼接施工过程分为构件生产、运输、进场、存储、吊装五个阶段，每个阶段的实施者均为不同的主体，因此成本管理需要比传统模式更加精细化。通过建立基于IFC标准下的BIM施工成本控制模型，实现预制构件生产、运输、进场、存储、吊装过程的智慧建造模式下的成本控制。通过将BIM与VR等技术的结合应用，可以使项目中遇到的设计变更大幅度减少，在不消耗材料与能源的前提下，业主、设计、施工方可以看到并了解施工的详细过程和细节，包括基本BIM的虚拟构件安装和施工方案模拟技术，有效避免返工和设计变更带来的经济损失。一旦施工过程中的设计变更发生时，利用BIM将变更关联到模型中，同时反映出工程量以及造价的变更，使业主方更直观地掌握设计变更对工程造价的影响，及时调整资本筹集和投入使用计划。通过BIM解决传统模式施工下的信息沟通不顺畅的问题，在装配式建筑施工过程中，生产预制构件的厂商与构件吊装的施工现场之间的信息沟通十分重要，通过搭建BIM信息平台，施工方可以实时掌握施工进度、构件生产进度以及各种动态资源的数量，以此来实现人、材、机的高效运转以及精细化管理，这样会大大减少由于材料机械供应不及时或者窝工而造成的成本浪费。

将地下综合管廊引入城市基础设施领域可以有效解决城市"马路拉链"问题，同时对盘踞在空中的管线"蜘蛛网"进行合理的安置，创造美观的城市环境的同时，对城市的安全也有很大帮助。通过 GIS、BIM、IOT、RFID 等技术的有机结合，搭建智慧化施工管理平台，并将其应用到城市地下综合管廊的建设中去，可以实现综合管廊施工过程中进度、质量、成本的高效控制与精细化管理，进而提升我国智慧城市的推广速度以及建设质量。

9.7 施工组织管理

随着我国综合管廊建设不断推进，管廊施工工程管理水平整体在不断地提高，但是，目前管廊施工管理中仍存在着工程管理人员的综合素质不高、工程管理理念缺乏创新、工程管理体制不够完善等主要问题，通过不断改进工程管理的活动方式，加强高校工程管理专业人才的建设，创新工程管理理念，健全工程管理体制，不断地推动工程管理适应新时代发展的要求，使我国的综合管廊施工管理体现出现代化的水准。

1. 加强高校综合管廊工程管理专业人才建设

高校工程管理专业是一门实践性很强的学科，高校需要根据综合管廊、桥梁、隧道等不同类型建筑，加强工程管理专业人才的建设，从而为社会输出更多具有高素质的专业型人才。

高校在加强本校各项教育的同时，应该重视工程管理人才的培养，提高本校的办学水平，准确定位工程管理专业、提高工程管理专业教师的整体水平、合理地安排所设课程、增加实践性教学比重等，逐步优化高校工程管理专业的人才培养方案，从而使得学生在走出校门、真正走进工作岗位的时候，更加适应综合管廊工程对管理人才的要求，提高工程管理人员的综合素质。

2. 创新综合管廊工程管理理念与方式

综合管廊工程管理理念的创新意识，是未来管廊发展必不可少的一项思维能力。在管廊工程管理理念中，要敢于对传统的管理方式提出质疑，打破传统思维的局限性。时代在不断地进步，管理方式不能一成不变，需要随着时代的发展而不断地创新。工程管理理念的创新，需要以现代社会的发展为基础，改变传统管理理念中不符合当下发展的理念，并适当地结合国外先进的工程管理创新模式，最后创新出一种适合我国综合管廊发展现状的现代工程管理理念。

3. 健全工程管理体制

基于工程管理的复杂程度，需要健全工程管理体制。各个企业应该加强管理制度的重视，不断完善工程管理制度，明确责任分工，并对工程项目开展的具体细节进行监督和控制，将损失的风险降到最低，才能帮助工程项目在预期内顺利高效地完成。同时，不断加强工程项目管理的监督力度，防止部分管理人员为减少成本的投入，而进行不合理的人员裁减现象，健全工程管理体制，使工程项目管理顺利地进行。

9.8 施工发展趋势

党的十八大把生态文明建设纳入中国特色社会主义事业"五位一体"总体布局，明确提出大力推进生态文明建设，努力建设美丽中国。然而，城市中，特别是中心城区面临交通阻塞、空间狭小、建筑密集、管网管线杂乱无章等一系列由于城市扩张过快带来的问题，国内综合管廊必将朝向中心城区建设。然而，中心城区地面交通量大、人员密集、建设环境复杂等现状问题，使得综合管廊传统的粗犷型施工方式已难以满足未来复杂环境下中心城区施工需求，综合管廊施工模式必然朝向绿色低碳环保的方向优化。

（1）管廊施工技术创新发展。

现阶段，我国经济的快速发展推动了建筑行业的持续兴起，建筑物的需求不断增大，由此也对建筑施工技术的创新优化提出了更高的要求。为了更好地顺应时代趋势，未来的建筑行业要不断地创新与发展施工技术，积极引进国外先进施工设备与技术，或者自主研发先进施工设备与技术，以创新机械自动化技术逐渐淘汰人工施工技术，以精细化的施工技术淘汰老式施工技术，耗能的施工技术也要逐渐被环保新技术所取代。例如，现在陆续出现的管廊预制拼装技术、基于BIM的工程建设智慧管理解决方案、管廊U形盾构施工技术等。除此之外，施工企业还要基于综合管廊工程特点进行施工技术改进与优化，确保管廊施工更加高效与高质地完成。

（2）管廊施工技术管理信息化。

信息化技术的不断推进为综合管廊施工行业发展带来了全新的发展机遇与挑战，管廊施工企业要顺应信息化管理的未来发展趋势，在确保施工单位经济效益提升的同时，也要合理运用信息化技术优化管廊施工技术，如对一些综合管廊涉及的参数计算，如果仅仅运用人工进行计算，不仅需要耗费大量的时间与精力，结果的精度也无法得到有效保障。而借助信息化技术可以快速精准地进行数据计算，使得管廊施工过程中的参数更加精确与完善。除此之外，还可以运用信息化技术，辅助管廊施工管理方案的优化，如运用电脑操作进行混凝土搅拌机控制，远程操作现场施工等。随着信息化技术的普及和综合管廊的建设发展，信息化将成为未来综合管廊建设的主要发展方向之一。

（3）管廊绿色生态型发展。

当前，生态环保观念逐渐深入人心，在综合管廊建设发展过程中，也要基于绿色节能的可持续发展理念，选择低污染、低损耗的管廊施工技术，为我国生态环境建设做出积极的贡献。在综合管廊工程施工过程中，必然会产生巨大的建筑材料消耗，在我国大力倡导的节能型社会建设过程中，可以运用绿色生态型的施工技术，提升资源利用率，利用太阳能进行供电、供暖等，减少资源的浪费，还可以利用外墙保温技术，优化节能效率。加大对施工现场的扬尘、噪声、废弃物处理工作，使管廊施工技术朝着绿色生态型发展。

10 运维

10.1 国内外综合管廊运维简介

综合管廊代表着城市地下管线建设和发展的方向，是城市市政基础设施现代化的标志之一。综合管廊运维管理，是针对经竣工验收合格的综合管廊，由管廊运维管理单位联合入廊管线单位共同开展。综合管廊的运维管理对于保证管廊安全性、可靠性，以及降低综合管理运营成本等方面具有重要意义。在综合管廊的运维委托模式上，因为涉及管线入廊收费、日常维护等各种系统性工作，国内外城市综合管廊的运营模式包括：项目公司直接委托、设计施工运维总承包、设备安装总承包加提供运维服务、政府采购、收费运营加养护维修全委托，甚至有运营单位作为投资方直接参与等。运营模式的确定，需要依据法律法规、政策、标准规范等政府规定来确定，无法统一。近年来，国内高度重视综合管廊的建设。以下对国内外综合管廊运维情况进行简介。

10.2 法律法规

1. 法国

法国于2006年前后就开始酝酿推进统一立法的工作，不断化解各类法律法规中存在的冲突问题，实现法律法规之间的协调统一。2012年5月颁布了一个新法令，即《燃气、碳氢化工类公共事业管道的申报、审批及安全法令》，新法令运用通用性条文对管道的设计、建设、施工、运行及经营、监管等方面进行了明确规范。

2. 日本

日本法律体系较为完善。1963年，制定《综合管廊实施法》，颁布了《关于建设综合管廊的特别措施法》，有效解决了综合管廊建设中城市道路范围及地下管线单位入廊的关键性问题。1991年，日本政府制定了《地下空间公共利用基本规划编制方针》。2001年颁布的《大深度地下公共使用特别措施法》强化了大深层地下空间资源公共性使用的规划、建设与管理，使地下空间开发利用的法律由单一管理向综合管理推进。

3. 新加坡

新加坡滨海湾地下综合管廊自2004年投入运维至今，全程由新加坡CPG集团FM团队（以下简称CPG FM）提供服务。CPG FM编写了亚洲第一份保安严密及在有人操作的管廊内安全施工的标准作业流程手册。

4. 德国

根据《城市建设法典》等有关法规，统筹地下管道系统的规划、建设、运维与安全监管等相关事务。1995年通过的《室外排水沟和排水管道》对雨污水的排放标准、应具备的基本设置规范等方面作了详细规定。

10.3 创新管理方法

1. 法国

1）创新信息化管理

管廊设有专门的水处理技术部门（STEAP），下雨时，安装在主要下水管道中的传感器会持续检测水位，并能自动发出预警。同时还设有信息管理系统，先进的管理系统能全面收集运维管理信息，确保了管网系统的高效运转。

2）使用先进的机器人技术

在清理大型管道中的淤泥和污物时，采用人工操控的以水流为动力的下水道清淤船。在管道检修与建设检查时使用先进的光缆铺设机器人和管道检测机器人，以提高工作效率。地下管道的每个区域每年要检查两次并记录在案。

3）利用现代化污水处理技术

离心的污泥干燥后经过处理，最终得到成品化肥或建材添加剂应用于工业。污泥干燥所需要的能源是由存放在封闭池中污水所含细菌产生的可燃性气体和过滤分离出来的污泥存放后产生的可燃性气体提供的。

2. 日本

1）地基液化处理

日本是一个地震频繁的国家，为确保管廊的耐震性，须定期进行耐震性检查。在地基液化处理中，主要采取两种措施：一是管廊的地基区域没有障碍物时，一般连续打入钢板桩作为挡土设施；二是当管廊地下区域有障碍物或者管廊有交叉无法打钢板桩时，采用高压喷射搅拌方式进行地基改良。

2）管廊大修管理

日本管廊修建时间较早，随着时间推移，这些共同管道正在老化，如裂缝、钢筋露出、漏水使铸铁盖等附属设备产生锈蚀；机械电气设备的老化使附属设备产生故障。为保障城市生命线的正常运营，需对这些综合管廊进行大修管理。

3）信息化管理

通过网络对管廊进行自身变形监测，在管廊内壁墙壁内埋设多点位移计、倾斜仪等传感器，实时监测其变化。

3. 新加坡

1）运维管理贯穿管廊周边地块开发建设的始终

综合管廊建设及运营的时间早于周围许多建筑的建设，所以在管廊运维管理期间，经常会出现附近土地开挖打桩而影响管廊结构稳固的问题，为解决这个问题，CPG FM 提出了两种解决办法：一是要求所有在管廊附近开挖的施工单位必须提交一份打桩的施工图纸给 CPG FM；二是由 CPG FM 的管理人员进行专业分析后，才能开始施工。

2）系统化、精细化管控综合管廊全生命周期

在综合管廊运维管理所涵盖的接管期、缺陷责任监测期、运营维护工作期，所包括的人员管理、设施硬件管理、软件管理，均有标准的流程手册进行指导及严格的考核机制作为保障。

3）打造智慧运维平台

随着现代信息技术的发展，管廊智慧化管控需求愈发迫切。用智慧运维平台保证管廊安全运行，包含以下四个方面：一是集中式的绩效管理平台，包括智能能源监测、智能照明、智能运营等；二是可持续的管廊内部环境技术，包括环境监测、空气质量监测、施工条件监测等；三是集中式数据库解决方案，包括智能数据存储、提高能效方法等；四是智能监控仪表盘，可以融合所有监控系统，只显示管理人员所需要的信息。

4. 德国

1）一次性挖掘共用市政管廊

依靠先进的地下挖掘技术及高效的防渗材料，如泥水平衡盾构技术和各种可灌性好、凝固时间可调节的浆材，在城市主干道一次性挖掘共用市政管廊，并设

专门入口，供维修人员出入。

2）信息化管理

在建设共用管廊的过程中大量使用信息管理技术，包括三维显示资料、先期数值仿真、三维动态管理等，对管廊建设和维护管理进行大数据统计和分析。

3）注重日常监控，全天监控维修

管道内设施宽敞，工作人员能够直接将作业车开进管道或携带工程机械对综合管廊进行全面检查、监控，并由水质监测中心对管廊内全部管道实行全天监控，随时分析水质和洪汛状态以防发生内涝。

10.4　监督管理模式

1. 法国

法国为配合立法统一的进程，积极推进有关机构的整合力度，增强不同机构之间的协调关系，以实施更有效的政府监管活动。与此同时还采取了一系列措施，比如设立专职部门，帮助施工单位掌握管线网络的确切位置；建立一个观察机构，负责管理信息的传递以及宣传活动等。

2. 日本

通过立法明确了国会、政府和社会三方的责任。日本国会和政府全面参与管理地下空间的开发利用管理，由政府相关部门全面负责，同时借助专家委员会力量咨询，专业性高、分工明确、决策透明。形成国会、政府和社会专家三方共同参与地下空间开发利用的管理体制。日本政府的管理有一个明显的特点，就是政府有健全的咨询参谋和信息组织，能够实现行政组织的科学化、合理化和法治化。

基于对自身国土面积及大都市圈日渐聚集这种状况的认识，日本从单一的地下管线管理逐步转向整个地表以下空间的综合开发与管理。

3. 新加坡

新加坡滨海湾地下综合管廊自2004年投入运维至今，全程由CPG FM提供服务。为了建设管理这条综合管廊，CPG FM以编写亚洲第一份保护严密及在有人操作的管廊内安全施工的标准作业流程手册（SOP）为基础，建立起亚洲第一支综合管廊项目管理、运营、安保、维护全生命周期的执行团队。

新加坡综合管廊运维管理模式是强力组织确保管廊有序与可控、全程管理确保运维的可持续性、系统运维确保管廊安全与效率、鞭策机制确保运维的与时俱进。其运维管理理念为：第一，维护最佳城市宜居形象；第二，可持续性运作；

第三，确保运营过程无中断；第四，确保管廊的安全性；第五，所有设备都经常处于良好的工作状态。

4. 德国

德国各城市成立了由城市规划专家、政府官员、执法人员及市民等组成的"公共工程部"，统一负责地下管线的规划、建设、管理。所有工程的规划方案，必须包括有线电视、水、电力、煤气和电话等地下管道的已有分布情况和拟建情况，同时还要求做好与周边管道的衔接。对于较大的地下管线工程，还必须经议会审议。

在经营上，德国大多数城市的地下管道系统采用由多家企业参股的市场化方式共同经营。投资企业对所建的地下管道及设施享有一定年限的管理权和收益权。若投资企业自身资金有困难，政府可引导社会资金、企业和个人闲置资金积极投入。但是，地下管道系统的产权必须归国家所有。

在德国，非政府的行业组织在某些方面承担了不小的公共管理职能，其在城市地下管线的安全平稳运行过程中发挥了不可或缺的积极作用。通过非政府的行业性组织实施管道运行管理，有效运用各种政策杠杆，从而推动全社会实现公共利益。

10.5 国内综合管廊运营

国内综合管廊主要采用PPP模式建设，进入2021年以来，25座综合管廊试点城市以及其他城市逐步进入运营期，以下重点对上海、北京综合管廊运营管理进行详细介绍。

1. 上海综合管廊

上海地区已有在运营的综合管廊包括安亭新镇综合管廊、松江新城综合管廊和上海世博会综合管廊，总长度近24km。三个在建试点综合管廊项目，松江南部新城综合管廊24.7km、临港新城综合管廊15.8km、桃浦科技城综合管廊7.5km。根据上海市《关于推进本市地下综合管廊建设的若干意见》，到2020年，上海将力争累计完成地下综合管廊建设80~100km，一批具有国际先进水平的地下综合管廊投入运营，地下综合管廊逐步形成规模。作为国际一流城市，上海地区在城市基础设施管理的标准化、规范化、精细化、信息化等方面一直走在全国乃至全世界的前列，早在2015年，上海市城乡建设和管理委员会就发布了《上海城市综合管廊维护技术规程》《上海城市综合管廊养护维修预算定额》，用于指导上海地区综合管廊的日常维护工作，做到了有据可依。

2. 北京综合管廊

北京市属于特大城市，相较于目前综合管廊建设管理较为成熟的城市具有不同的特点，主要体现在：

建设运营主体多且情况各异。北京市目前有京投、北投、新航城、公联等十多家综合管廊建设运营主体。有的建设主体建设和运维的管廊里程较多，且覆盖了多个行政区域，例如京投管廊公司。有的建设主体建设和运维的管廊里程多，但都位于同一个区域，例如北京市新航城开发建设有限公司。

建设形式多样。有结合轨道交通建设的综合管廊，如王府井综合管廊、东坝中路综合管廊；有结合道路建设的综合管廊，如广渠路综合管廊、永兴河北路综合管廊；有结合高速公路建设的综合管廊，如新机场高速综合管廊。基于以上特点可以发现，北京市作为特大城市，其综合管廊的运维管理较一般城市更加复杂。若同样建立总控中心—分控中心两级集中监管模式，将面临总控中心层级管理主体混乱、更加无法协调的局面。

因此，北京市需要在各地两级集中监管的基础上，增加更高的跨公司、跨区域的管理层级，构建城市级—公司/区域级—项目级三级运维监管体系。

1）组织架构

城市级—公司/区域级—项目级三级运维监管体系总体架构，形成北京市城市管理委员会—各管廊公司—各管廊公司运维项目部三级管理、各管廊公司—各管廊公司运维项目部—管廊现场设备三级控制的管理模式。

（1）三级管理：北京市城市管理委员会作为行政主管部门，统筹全市综合管廊的管理。各管廊公司与北京市城市管理委员会对接，将本公司管辖的综合管廊运维管理数据按要求上报，并执行北京市城市管理委员会下达的要求。管廊公司运维项目部与其所属管廊公司对接，将本项目管辖的综合管廊运维管理数据按管廊公司要求及时上报，并执行管廊公司下达的要求。

（2）三级控制：管廊公司拥有所属管廊内各设备的控制权，能够远程直接控制现场设备，以安全监控为主、设备控制为辅。管廊公司运维项目部负责日常对所负责管廊内的各类设备进行控制，确保管廊日常安全运行。管廊现场设备由工作人员根据现场需要在管廊内设备控制箱处进行控制。

2）职能定位

（1）城市级管理职能。

① 运营监管。城市级管理部门监督考核全市综合管廊的运营工作。监督考察对象为各大管廊运营公司或区域管廊主管单位，监督考核内容包括综合管廊的

建设规模与分布情况，综合管廊在安全运行、节能降耗、应急事件响应与处置、管线入廊、收费盈利方面的总体情况，以及综合管廊所产生的直接、间接的经济、社会效益及影响等。

② 应急指挥。城市级统筹全市综合管廊的安全与应急管理工作，对重要区段的安全隐患和重大事件进行监控管理；当重大突发事件或特别重大突发事件［根据《北京市突发事件总体应急预案（2016 年修订）》］预警或发生时，对事件的处置、相关资源的调配、与相关单位的协同作业进行统一指挥、调度与协调。

③ 大数据分析与应用。对全市综合管廊及其关联行业与领域的关键数据进行融合与挖掘，为应急指挥和安全监管提供支持，为关联性行业及产业进行交叉分析提供翔实数据，为城市管理系统的领导决策提供辅助。

（2）公司/区域级管理部门职能。

① 重点监控。通过三维可视化平台对全公司/区域范围内的综合管廊运行的总体及重点情况进行展示，主要内容包括：全公司/区域范围内的综合管廊规模与分布，管线入廊分布，即时运行能耗入廊活动、故障跟踪，重要区段的安全隐患及重大事件的监控数据等。

② 运维监管。对全公司/区域范围内的各综合管廊项目的运维管理工作进行监督与考核，主要包括：核准各项目单位上报的运维相关管理规定、工作计划、工作总结等，根据各项目单位的运行能耗、故障事故、人力投入、采购外委等情况综合评定其运维绩效，检查督导各项目单位的运维管理工作等。

③ 安全监管。对全公司/区域范围内的各综合管廊项目的安全管理工作进行监督与考核，主要包括：核准各项目单位上报的安全体系相关文件与应急管理计划，检查、评定、督导各项目单位的安全管理工作，对重大危险源及安全隐患进行动态跟踪与重点监控。

④ 应急管理。建立应急管理组织体系；对全公司/区域范围内的各综合管廊项目的应急准备措施进行检查、评定、督导，对各项目的应急响应情况进行考核；重大突发事件发生时，统筹指挥应急响应，集中调用全公司/区域范围内可以用的资源优先应对应急事件；对应急事件进行全过程记录；实施应急后期处理；抢险救援结束后，对事件信息完整、真实地发布等；建立健全应急保障体系。

⑤ 资产管理。对全公司/区域范围内的各综合管廊项目资产的登记、采购、转固、盘点、报废等活动进行管理。

⑥ 营运管理。与入廊管线单位谈判、签订入廊合同或协议，收取入廊费与

日常维护费，通过可视化方式为入廊管线单位提供收费查询与测算服务；利用综合管廊数据库为相关单位提供有偿咨询服务；利用保险分散管廊运行故障及事故；利用新工艺、新材料、新技术延长管廊设施设备使用寿命等。

⑦ 信息数据管理。通过对采集、接收到的全公司/区域综合管廊的运维数据进行分析，形成对运行维护资源优化配置、应急响应资料优先调用、运营管理方案改进完善的建设性意见。

（3）项目级管理部门职能。

① 综合监控。对综合管廊监控与报警系统采集的数据和报警信息、入廊管线的专业管线监控系统的通信数据进行集中监视与显示，在应急事件中，综合管廊环境与设备监控系统、火灾自动报警系统等附属设施子系统进行跨系统联动综合处置。

② 维护管理。依据管廊运营单位的管理规定，制定具有针对性的管理与作业规程；对综合管廊的日常巡检、保养、维修、清洁等工作进行周期计划制定、任务派发、执行监管、成效核查、流程审批、信息记录、定期总结、方案优化等；保障人员入廊作业时的环境安全等。

③ 入廊管理。制定具有针对性的入廊管理与作业规程；对进入或使用本项目范围内综合管廊的活动进行许可管理；统筹安排进入或使用本项目范围内综合管廊的活动，做好入廊前的技术对接及其他准备工作；对进入或使用本项目范围内综合管廊的活动及其人员进行严格监督与管控。

④ 安全管理。建立安全生产组织体系与安全管理制度体系；加强安全生产管理、健全安全生产责任制度、完善安全生产条件，保证综合管廊安全管理的全面性及预控措施的有效性；落实安全投入制度、安全培训制度、安全检查制度、安全技术保障制度，按规定编制安全相关年度预算，实施安全培训、检查、评估及预警；对危险源进行辨识、标记与动态监控。

⑤ 应急管理。依据《应急管理计划》，实施应急培训与演练，做好应急储备；应急事件发生时，根据应急预案进行应急响应，包括设备联锁、信息通报、疏散撤离、抢险救灾、多部门协同联动等；对应急处置的全过程进行记录。

⑥ 物料管理。制定具有针对性的物料管理与作业规程：对综合管廊备件、耗材等进行预算与计划编制、招采、入库、仓储、领用、维保、更换、流程审批、信息记录、定期总结、方案优化等；对物料进行编码及全过程信息记录，利用综合管廊信息模型系统，完善综合管廊设施设备的全生命周期管理；及时更新物料信息；及时调整或优化物料的计划、招采、仓储、领用等活动。

⑦ 信息数据管理。制定具有针对性的数据存储与备份策略、文件归档管理规定等；对运行维护的各项数据及文件进行存储、备份、归档；形成综合监控、维护管理、入廊管理、安全与应急管理、物料管理知识集；预测管廊设施设备潜在故障或危险，及时发送预警、通知及相关流程、文件至对应人员；通过对管廊设施设备能耗、故障率的分析，对管理流程、作业标准、应急预案、维护计划、采购计划提出优化方案。

10.6 投融资模式分析

1. 欧洲模式

欧洲模式属于典型的政府投融资模式，即建设地下综合管廊的全部资金由政府负责筹集，地下综合管廊建成后，政府拥有地下综合管廊的所有权并负责管廊的运营，运营费用由政府承担，管线单位租赁管廊内部部分空间，政府通过收取租金实现投资资金回收或政府免费提供给管线单位使用。政府部门制定相关法律法规来保证地下综合管廊的排他性，即地下综合管廊建成后，管廊范围内的相关管线不得使用直埋法敷设管线，必须使用已建成的地下综合管廊。地下综合管廊的租赁费用则与大部分公共基础设施的定价模式相似，由市议会组织采取民主表决的方式制定，以保障地下综合管廊的平稳运营。

2. 日本模式

在日本，《共同沟法》规定，建设地下综合管廊时，各管线单位只需支付传统直埋管线方式产生的费用额，差额部分由政府部门承担。地下综合管廊进入运营维护时，运营维护费用根据管廊空间占用比例进行支付，运营维护费用差额由政府部门补足。各管线单位在地下综合管廊的建设和后期运营中不需要负担额外费用。日本的地下综合管廊投融资模式可以概括为以政府为主导的政府与管线单位合作模式。政府不以营利为目的，不追求建设回报，管线单位仅需承担少量建设运营成本。

3. 国内综合管廊的投融资模式

我国地下综合管廊建设起步较晚，随着公共基础设施投融资的发展，我国也在寻找、探索、实践适合我国国情的地下综合管廊投融资模式。根据对国内相关文献和实际工程项目信息的收集与分析，在我国已建成或在建的地下综合管廊项目中采用的投融资模式较多，再结合目前推行的基础设施投融资模式，可应用在地下综合管廊的投融资模式可大致划分为政府直接出资、专项债、政府和社会资本合作、管线单位合作、基础设施 REITs 五种模式。我国地下综合管廊投融资模式呈现着多元化、市场化的发展趋势。

1）政府直接出资模式

政府直接出资模式是指政府作为地下综合管廊的投融资主体，项目的建设运营费用全部由政府财政出资，建设完成后由政府全资设立的国有企业负责地下综合管廊的运营维护工作。入廊管线单位根据相关政策免费或提供少量入廊费用使用地下综合管廊。我国城市地下综合管廊建设的前期，主要投融资模式是由政府的投融资平台作为出资方，由政府代建单位负责地下综合管廊的建设。在建设北京未来科技城地下综合管廊项目时便应用的此类投融资模式。

政府直接出资模式的优势：地下综合管廊属于城市公共基础设施，政府全资兴建使得管廊所有权归属明确，能够保证其对管廊的绝对控制。政府拥有管廊的所有权，能够为管线单位提供稳定的服务。政府全资修建能够有效避免出现管廊项目投资失败的风险。由于政府不以营利为目的，这就可以降低后期管廊的运营费用，管线单位免费入廊或只需缴纳较少的运营费用，有效降低了这些管线单位租赁费用支出，从而降低居民生活费用支出。

政府直接出资模式的劣势：地下综合管廊建设前期投资费用较高，政府直接投资建设，会加重当地政府的财政负担。为收回投融资成本，地下综合管廊多采用使用者付费的方式回收资金，当入廊成本过高，管线单位则会选择不入廊，这样将难以收回建设成本和后期运营费用；若考虑免费提供给管线单位使用，政府财政负担将进一步加重。

2）专项债模式

地下综合管廊的地方政府债务融资方式主要采用专项债的模式。专项债作为政府债券的一种，是地方政府针对有一定收益的地下综合管廊项目发行的、并约定一定期限内以项目所对应的专项收入或政府性基金收入进行还本付息的政府债券。项目运营期的收入主要包括入廊使用费、管廊维护管理费、综合开发收入以及财政补贴收入。

专项债模式的优势：专项债利率相比银行贷款利率较低，能够减少利息支出，降低投融资成本，可以用更优惠的资金成本完成资金筹措，有效地缓解政府支出责任并减轻未来财政支出压力，保证了项目建设运营所需资金的投入。专项债以政府为发行人，不需过多考虑投资收益，在债券存续期间内项目收益能够保证专项债券正常的还本付息，总体实现项目收益与融资的自平衡即可。专项债同其他投融资模式相比，申请流程更简单、周期更短，所募集的资金被专门应用在地下综合管廊项目的建设中，可以较快速度缓解项目前期建设资金缺口大的问题。

专项债模式的劣势：专项债模式仅侧重于解决建设运营资金的筹措难题，通过募集资金以缓解政府财政支出压力，并没有为政府、为地下综合管廊引入更为高效、高质量的建设运营模式来解决传统公共产品供给效率低下的问题。专项债模式对项目自身要求较高，强调项目具有自身收益，能够通过自身收益偿还债券本金与利息，实现自身收支平衡，目前地下综合管廊的收益来自各管线单位缴纳的入廊费用、管廊运营费用，依靠政府对收益缺口进行补贴才能实现收支平衡，专项债券的发行周期较长，未来政策环境的变动导致政府财政补贴力度发生变化，破坏项目收支平衡，造成专项债发行失败。地下综合管廊项目前期建设债模式并不能解决资金短缺问题。

3）政府和社会资本合作模式

即 PPP（Public-Private Partnerships）模式，是指私人部门通过与公共部门建立伙伴关系从而获得特许经营权，来提供传统上由政府部门负责建造或运营的公共产品或服务，主要适用于市场化程度高、需求长期稳定、投融资规模较大、价格调整机制灵活的公共产品。由于不同国家和地区的经济形态、经济发展水平、PPP应用程度各不相同，对于PPP模式的定义也不同，见表10.6-1。

表 10.6-1　不同国家和地区对于 PPP 模式的定义

组织 / 部门	对 PPP 的定义
欧盟委员会	是公共、私人间的合作伙伴关系，指由私人部门来提供公共产品或服务，该产品或服务之前多由公共部门提供
加拿大 PPP 国家委员会	是公共、私人部门间的合作经营关系，这种关系是指公私双方以自身经验为基础，通过构建资源分配、风险共担、利益共享的合作机制，来弥补公众对公共产品的需求与公共产品供给不足的矛盾
联合国培训研究院	是指政府与私人部门间的各种合作关系，这类合作关系是指为满足公众对公共产品需求，私人倡导者与政府部门进行合作而建立起来的
世界银行	是指政府、私人部门间的一种长期契约关系，这种关系是为建设公共设施、提供公共服务而建立的，私人部门需要承担建设任务、承担更多的风险
中国发展改革委员会	是指政府与私人部门间的长期合作关系，是通常采用特许经营或购买服务的方式与私人部门建立的利益共享、风险共担的合作关系，期望提高公共产品的供给效率

政府与社会资本合作模式在地下综合管廊项目中多采用BOT（Building-Operate-

Transfer）、TOT（Transfer-Operate-Transfer）的运作模式，当地下综合管廊项目为新建项目时采用BOT模式，为存量项目时采用TOT模式。同时政府与社会资本也在积极探索创新地下综合管廊PPP运作模式，如DBFO（设计—建设—融资—经营）、BTO（建设—移交—运营）、DBOT（设计—建设—运营—移交）等。

BOT模式，即建设—运营—移交模式。BOT模式常应用于新建地下综合管廊项目，是指公私双方以签订合作协议的方式将管廊项目一段时期的特许经营权移交给社会资本方，并通过双方共同出资组建项目公司来进行管廊项目的融资、建设、运维工作。在特许期内由项目公司负责向入廊管线单位提供管廊租赁、管线运维服务，采用使用者付费等方式收取管廊租赁维护费来实现投资资金回收、偿还融资成本的同时取得合理收益的目的，并在特许期满后将其无偿移交给相关机构的政府与社会资本合作模式，BOT管廊项目各方参与主体之间的关系及交易结构如图10.6-1所示。

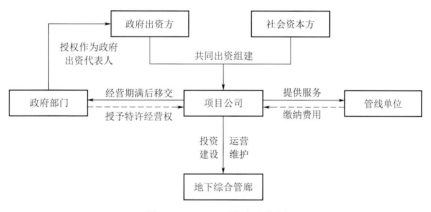

图 10.6-1 BOT 模式示意图

TOT模式，即转让—运营—移交模式。多用于地下综合管廊存量项目，是指社会资本向政府部门购买已建成或已投入运营的管廊项目所有权或经营权，公私双方约定在特许期内由社会资本负责运营、维护该项目并获得合理收益，特许期满后将资产及所有权归还政府部门的一种政府与社会资本合作运作模式。TOT管廊项目各参与主体之间关系及交易结构如图10.6-2所示。

PPP模式的优势：将PPP模式引入到前期建设资金需求巨大的地下综合管廊项目中来，有助于缓解当地政府当期财政支出压力，加速推进地下综合管廊的建设规模。社会资本相较政府部门，能够提供更先进的技术、丰富的管理经验和高效的管廊运营效率，为公众提供更好的公共产品及服务的同时还能够节约社会资源。

图 10.6-2　TOT 模式示意图

PPP模式的劣势：社会资本都是逐利的，地下综合管廊单依靠入廊费用、管廊维护费用是无法实现收支平衡的，需要政府捆绑其他收益高的项目或采用可行性缺口补贴的形式来补充社会资本的投资收益。当绩效考核或政府监管不到位时，社会资本受利益驱使，先进的技术、丰富的管理经验、高效的运作效率将成为泡影。当前PPP地下综合管廊项目的回报机制多采用可行性缺口补贴的形式，PPP模式虽然能够有效缓解前期政府财政支出压力，但可行性缺口部分仍需政府财政支出，过量的PPP项目可行性缺口补贴出现叠加会显著增加政府隐性债务，增加政府财政支出压力。

4）管线单位合作模式

管线单位合作模式是指由政府部门牵头，联合管线单位共同投资成立项目公司，负责地下综合管廊的建设与运营。政府部门通过补齐建设总成本与管线单位出资总金额之间差额的方式或者政府部门按照建设所需资金的一定比例出资，剩余部分由各管线单位按一定比例分摊的方式筹措资金进行融资。地下综合管廊建成后，由项目公司运营或将其委托给专业管廊运营公司进行运营，产生的相关运营管理费用由政府与管线单位共同承担。苏州春申湖路管廊项目采用的该投融资模式。

管线单位合作模式的优势：这种模式能够减少地下综合管廊建设期内政府投入资金的数额，减轻政府财政压力。同时引入管线单位建设地下综合管廊，可以有效消除管廊建成后管线入廊的屏障，有效降低管廊建成后的运营风险。

管线单位合作模式的劣势：减轻政府当期财政压力的同时，给管线单位带来了较大的资金负担。各市政管线单位多为事业单位，并不具备先进的技术、高效的运营效率，很可能出现项目建设运营成本过高的情况。

5）基础设施REITs

REITs（Real Estate Investment Trusts）模式，即不动产投资信托模式，是指

通过发行权益类证券的方式募集投资者的资金，并将资金专门投资不动产类资产，将每年的投资所得收益按很高的比例（通常高于90%）分配给投资者的一种投资载体。基础设施REITs作为一种创新的基础设施投融资模式，属于权益类产品，以直接融资为主，采用无追索或有限追索的逻辑，不固定回报或保本保息，投资者的投资回报以项目自身收益构成。典型REITs的各相关利益主体及交易结构如图10.6-3所示：

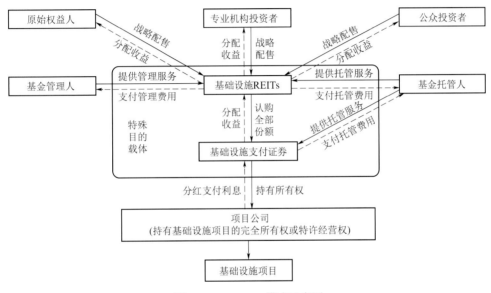

图 10.6-3　REITs 模式示意图

REITs的优势：基础设施REITs在我国目前主要应用在存量项目中，有利于盘活存量资产，资金再投入到新的基础设施项目中，提升资金使用效率，形成良性的投资循环，提高基础设施项目公司的再投资能力。

REITs在发行时，必须公开、透明、规范、完整地披露项目各业绩信息，从公众监管的角度给予项目运营方压力，反促运营单位提供高效率、高标准的运营服务；另一方面，基金管理公司及基金管理者出于获得良好行业口碑、获得投资者信任、为投资者获得收益的目的，会采取更先进、高效的方式运营项目以提升项目收益及资产升值，强化了基础设施项目运营核心竞争力。同时，REITs作为一种直接融资工具，有效缓解了其他投融资模式中直接融资占比过低的问题。

REITs的劣势：基础设施REITs对项目的要求较高，需要基础资产项目的产权归属清晰、资产范围明确、能够进行产权或经营权的转让与转移；要求基础设施项目已经进入平稳运营期，即项目为存量项目，且是具有稳定、长期的现金流入的优质项目；要求基础设施项目具有较高的收益率，强调项目自身收益可以支付投资人的投资与收益。基础设施 REITs 交易结构与其他投融资模式相比较为复杂，涉及的利益相关者较多，在进行管理时很可能有职能重复或缺失、权责不对等的问题出现。同时基础设施交由公募基金管理公司及基金管理者运营管理，对其有着在基础设施运营领域较高专业水平的要求，公司与个人需要加强自身在基础设施领域的专业知识。

11 新技术新装备

11.1 BIM 的应用

BIM 技术是应用于工程设计建造管理的数据化工具，通过参数模型整合各种项目的相关信息，在项目策划、运行和维护的全生命周期过程中进行共享和传递，使工程技术人员对各种建筑信息做出正确理解和高效应对，为设计团队以及包括建筑运营单位在内的各方建设主体提供协同工作的基础，在提高生产效率、节约成本和缩短工期方面发挥重要作用。

从 BIM 设计过程的资源、行为、交付三个基本维度，给出设计企业的实施标准的具体方法和实践内容。BIM 不是简单地将数字信息进行集成，而是一种数字信息的应用，并可以用于设计、建造、管理的数字化方法。这种方法支持建筑工程的集成管理环境，可以使建筑工程在其整个进程中显著提高效率、大量减少风险。如图 11.1-1~图 11.1-3 所示。

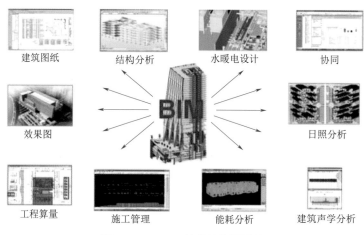

图 11.1-1　BIM 技术的协同设计

图 11.1-2 BIM 技术在管线专业上的应用

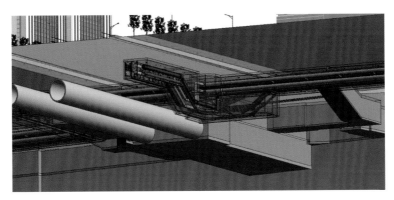

图 11.1-3 BIM 技术在地下空间上的应用

BIM 系统核心是通过三维设计获得工程信息模型和几乎所有与设计相关的设计数据，可以持续即时地提供项目设计范围、进度以及成本信息，这些信息完整可靠、质量高并且完全协调。通过工程信息模型可以使得：

交付速度加快（节省时间）、协调性加强（减少错误）、成本降低（节省资金）、生产效率提高、工作质量上升、收益和商业机会增多、沟通时间减少。

在建设工程生命周期三个主要阶段（即设计、施工和管理）的每个阶段中，建设工程信息模型均允许访问完整的关键信息：

设计阶段——设计、进度以及预算信息；施工阶段——质量、进度以及成本信息；管理阶段——性能、使用情况以及财务信息。

在设计阶段采用团队网络协同设计（图11.1-4）的工作模式，以工作集方式设计。工艺专业提供初步的管廊工艺中心模型后，各管线专业在模型基础上进行管线设计，同时对工艺提出需求及修改意见，工艺与结构不断地整合各专业需求并优化本体结构设计，如图11.1-5所示。

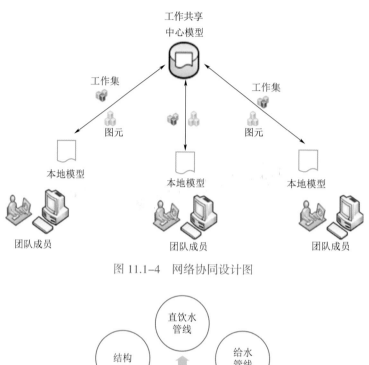

图 11.1-4　网络协同设计图

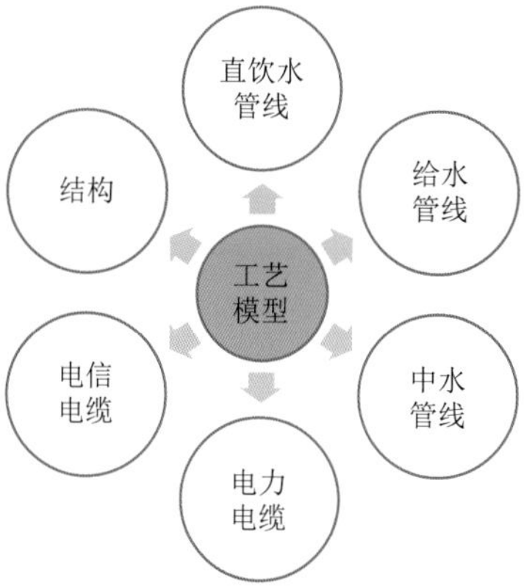

图 11.1-5　综合管廊工艺与管线专业协同设计

BIM 技术为企业集约经营、项目精益管理的管理理念的落地提供了手段。具体作用如下：

（1）虚拟施工、方案优化。

首先，运用三维建模和建筑信息模型（BIM）技术，建立用于进行虚拟施工和施工过程控制、成本控制的施工模型，结合虚拟现实技术，实现虚拟建造。通过 BIM 技术，保持模型的一致性及模型信息的可继承性，实现虚拟施工过程各阶段和各方面的有效集成。其次，模型结合优化技术，身临其境般进行方案体验、论证和优化，以提高施工效率和施工方案的安全性。

BIM 技术的每一项应用都基于设计方案信息模型，设计方案信息模型还包括施工模型、场地模型等，通过调整设计模型，补充部分信息可以构建其他的诸如施工模型等,以实现进度模拟、工程量计算、施工场等功能内容,如图11.1-6、图11.1-7所示。

图 11.1-6 场地信息模型

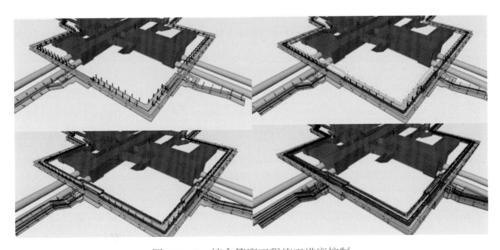

图 11.1-7 综合管廊工程施工进度控制

（2）碰撞检查、减少返工。

综合管廊施工过程中导致设计变更最常见的原因之一就是各种碰撞，即设计专业间的不协调而产生的管线综合等问题。基于BIM模型，在虚拟的三维环境下方便地发现设计中的碰撞冲突，在施工前快速、全面、准确地检查出设计图纸中的错误、遗漏及各专业间的碰撞等问题，从而减少施工中的返工和无谓返工带来的成本增加和工期延误，提高施工效率的同时保证施工质量，如图11.1-8~图11.1-11所示。

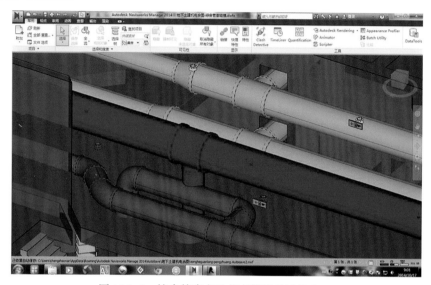

图 11.1-8　综合管廊交叉节点管线碰撞检查一

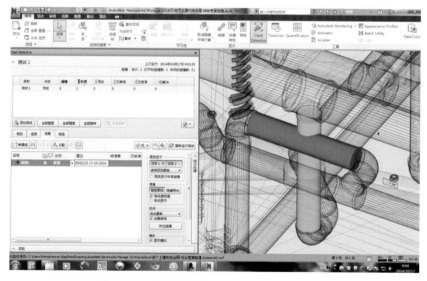

图 11.1-9　综合管廊交叉节点管线碰撞检查二

Report 批处理

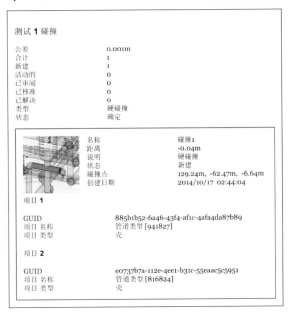

图 11.1-10　生成碰撞检查报告

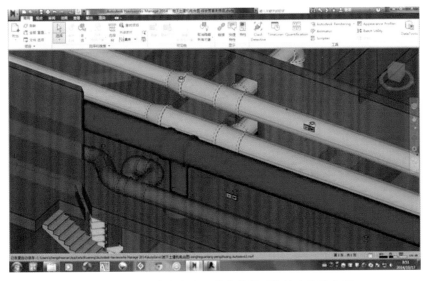

图 11.1-11　综合管廊交叉节点管线碰撞检查优化方案

（3）形象进度、4D虚拟。

通过将BIM与施工进度计划相链接，将空间信息与时间信息整合在一个可视的4D（3D+Time）模型中，可以直观、精确地反映整个建筑的施工过程和虚拟形象进度，如图11.1-12、图11.1-13所示。

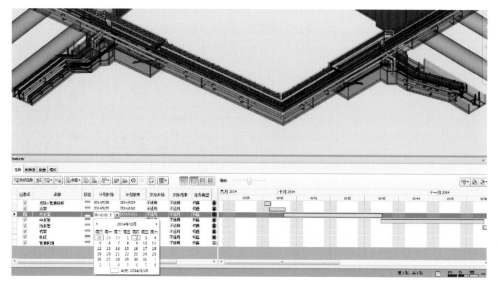

图 11.1-12　综合管廊施工进度控制模拟一

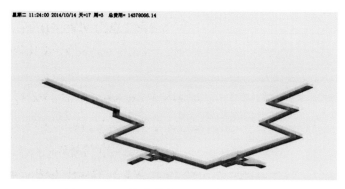

图 11.1-13　综合管廊施工进度控制模拟二

（4）精确算量、成本控制。

工程量统计结合4D的进度控制，即所谓BIM在施工中的5D应用。BIM是一个富含工程信息的数据库，可以真实地提供造价管理需要的工程量信息，借助这些信息，计算机可以快速对各种构件进行统计分析，非常容易实现工程量信息与设计方案的完全一致。采用BIM软件导入项目各分部分项任务的材料、人工、机械等费用，通过施工模拟可以清晰直观地模拟出各施工节点的施工成果及费用，可以为建设方、施工方对项目的执行提供有益的参考，可以提供甘特图等及导出各种数据格式，以便专业软件进行深度分析、挖掘，如图11.1-14、图11.1-15所示。

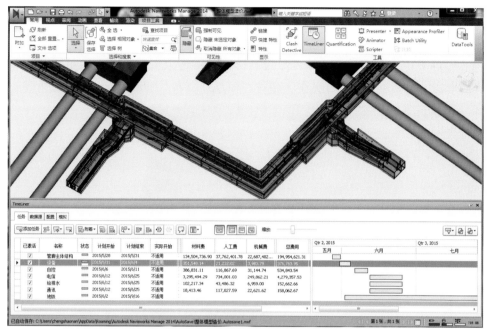

图 11.1–14 综合管廊工程进度与投资控制

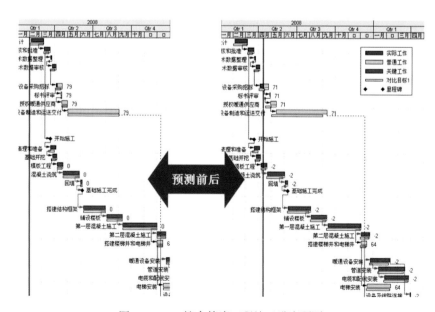

图 11.1–15 综合管廊工程施工进度预测

（5）现场整合、协同工作。

BIM技术的应用更类似一个管理过程，它的应用范围涉及了业主方、设计院、咨询单位、施工单位、监理单位、供应商等多方的协同。在项目运行过程中需要以BIM模型为中心，使各参建方在模型、资料、管理、运营上能够协同工作，如图11.1-16所示。

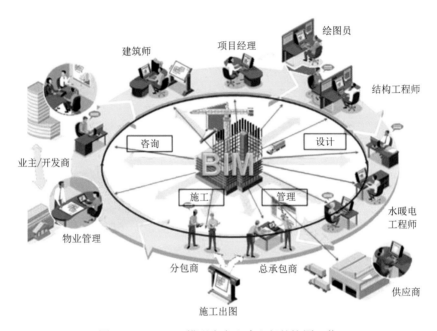

图 11.1-16　BIM 模型为中心建立起的协同工作

（6）数字化加工、工厂化生产。

建筑工业化是工厂预制和现场施工相结合的建造方式，这将是未来建筑产业发展的方向。BIM结合数字化制造能够提高承包工程行业的生产效率，实现建筑施工流程的自动化，如图11.1-17所示。

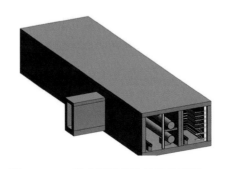

图 11.1-17　综合管廊模块化信息模型

（7）可视化建造、集成化交付（IPD）。

随着建筑信息模型BIM技术的逐渐成熟，以BIM技术为基础的新的建设项目综合交付方法IPD（Integrated Product Development）是在工程建设行业为提升行业生产效率和科技水平在理论研究和工程实践基础上总结出来的一种项目信息化技术手段和一套项目管理实施模式。它带来新的项目管理模式变更，最大程度地建筑专业人员整合，实现信息共享及跨职能、跨专业、跨企业团队的高效协作。

基于BIM信息模型，借助3D动画技术，实时漫游虚拟构筑物的任何空间，审视整体和细部。以管廊业务来说，在设计方案基本稳定后，以3D漫游的形式不仅可以直观地验证设计考虑的通行、维护空间是否满足要求，并且可以直观地复核综合管廊内设计管线安装是否合理可行。

另一方面，漫游有助于项目参与人员全面、快速、准确地理解项目。对管廊复杂节点的真实高度仿真及可视化虚拟漫游可以帮助建设者对照图纸进行形象化的认知，从而有效地指导施工作业，如图11.1-18、图11.1-19所示。

图 11.1-18　综合管廊内部虚拟漫游

图 11.1-19　综合管廊可视化检修

11.2　CIM 的应用

　　智慧城市以为民服务全程全时、城市治理高效有序、数据开放共融共享、经济发展绿色开源、网络空间安全清朗为目标，顺应了社会发展趋势。自2012年国家级智慧城市试点工作启动以来，全国近百个市推进智慧城市建设，城市信息模型（CIM）技术（图11.2-1）是实现智慧城市的有力抓手。

　　综合管廊可借助CIM平台实现规划、设计、施工和运营全生命周期的系统集成，保证全过程各系统的深度交流与融合，实现预前控制、危机处理和智慧管控。CIM平台不仅指多模型的集合，模型信息是平台的核心。通过采用虚拟现实、增强现实、介导现实等技术为城市地下综合管廊实体提供多维度、多时空、多尺度的高保真数字化映射，这是实现基于CIM平台的综合管廊安全管理应用的前提。通过综合运用GIS地理信息模型、BIM建筑信息模型及物联感知数据，构建综合管廊孪生信息模型，包括综合管廊建筑模型、结构模型、内部设备模型、入廊管线模型等，将综合管廊规划、设计和施工中的信息资源与管廊孪生信息模型进行关联，在管廊运营阶段实时更新模型相关数据，从而实现城市地下综合管廊规划建设管理全生命周期精细化管理。理想情况下，综合管廊孪生信息模型不仅是简单的三维模型，还是一种多维、多时空、多尺度模型，具备高保真、高可靠、高精度的特征，并能够与综合管廊实体之间进行实时信息交互，实时更新监测数据保证信息的时效性和真实性，并可进行不同场景动态推演实现预警预测。

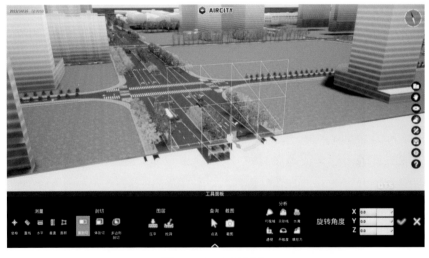

图 11.2-1　CIM 平台

11.3　GIS 的应用

地理信息系统是一种特定的十分重要的空间信息系统。它是在计算机硬、软件系统支持下，对整个或部分地球表层（包括大气层）空间中的有关地理分布数据进行采集、储存、管理、运算、分析、显示和描述的技术系统。将GIS与BIM结合，利用地理学以及遥感和计算机科学，完成综合管廊输入、存储、查询、分析和显示地理数据的计算机系统，并对空间信息进行分析和处理。GIS技术把地图这种独特的视觉化效果和地理分析功能与一般的数据库操作集成在一起，最终建立综合管廊数字化管理平台，如图11.3-1所示。

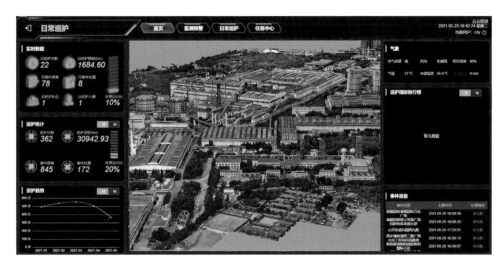

图 11.3-1　地理信息系统在综合管廊运维中的应用

11.4　VR 虚拟现实、AR 增强现实与 MR 混合现实

虚拟现实VR是一项综合集成技术，涉及计算机图形学、人机交互技术、传感技术、人工智能等领域，它用计算机生成逼真的三维视、听、嗅觉等感觉，使人作为参与者通过适当装置，自然地对虚拟世界进行体验和交互作用。使用者进行位置移动时，电脑可以立即进行复杂的运算，将精确的3D世界影像传回产生临场感。该技术集成了计算机图形（CG）技术、计算机仿真技术、人工智能、传感技术、显示技术、网络并行处理等技术的最新发展成果，是一种由计算机技术辅助生成的高技术模拟系统。

在综合管廊的运维管理中采用VR技术实现综合管廊模拟培训和应急演练，

帮助工作人员熟悉业务，降低事故风险，如图 11.4-1 所示。

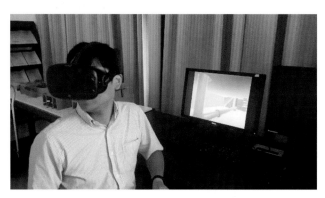

图 11.4-1　VR 技术在综合管廊运维中的应用

增强现实技术（AR）是指一种实时计算摄影机影像的位置及角度并加上相应图像、视频、3D 模型的技术。在综合管廊的运维管理中，通过 AR 智能眼镜将增强现实、人工智能等新技术和管廊巡检需要进行结合，如图 11.4-2 所示，实现工作人员巡检的远程指导、图片回传和语音互动，很好地改变目前的巡检状况，提高巡检的效率，避免了巡检人员的缺口，确保设备更加稳定运行，进一步推动了巡检工作的标准化、管理的科学智能化、监督的自动化。

图 11.4-2　AR 技术在综合管廊运维中的应用

MR 混合现实技术是在虚拟环境中引入现实场景信息，让现实世界和虚拟世界产生联动，以增强用户体验的真实感。MR 通过空间定位技术、全息投影技术、人机交互技术、传感技术，混合现实为用户提供了"实中有虚"的半沉浸式环境体验，MR 技术使用户不仅能感知到真实环境中实际对象，还能获取该对象在虚拟环境中的数字信息，并允许用户对虚拟数字信息进行实时的交互，极大地增强了用户的信息获取能力。在综合管廊的运维中，MR技术可提供管廊真实与虚拟情景相结合的模拟，如图11.4-3所示，帮助工作人员进一步熟悉管廊巡检工作和应急演练的模拟。

图 11.4-3 MR 混合现实技术在综合管廊中的应用

11.5 机器人应用

智能机器人具备复杂动态场景感知与理解、实时精准定位、面向复杂环境的适应性智能导航等能力。可以替代人工在综合管廊内执行自动巡检、发现异常告警、自动进行爆管分析、自动应急处理等任务。

挂轨式管廊巡检机器人是通过智能轨道行走式挂载机器人，如图11.5-1所示，搭载了红外热像仪、可见光高清摄像机、气体检测仪、温湿度传感器、交互式实时对讲平台声光报警器、超声听障系统等。在综合管廊的运维管理中，通过智慧管控平台和机器人深度集成，实现基于巡检机器人的智能巡检。当巡检机器人接受智慧管廊平台的巡检任务后，可以自动按照路径和巡检要求完成管廊的巡检任务，并反馈巡检数据。通过对数据的智能分析，对廊内情况进行智能判断和故障预警。

除此之外还有轮式管廊巡检机器人、履带式管廊巡检机器人和四足式管廊巡检机器人，如图11.5-2~图11.5-4所示。轮式机器人无需轨道，可以自动定位导航，活动范围大。履带式机器人路面适应能力强，负重上限大。四足式机器人巡检路径灵活，无需对现状管廊做环境改造。

图 11.5-1　挂轨式管廊巡检机器人

图 11.5-2　轮式管廊巡检
机器人　　　　　

图 11.5-3　履带式管廊巡检
机器人　　　　　

图 11.5-4　四足式管廊巡检
机器人

11.6　云计算的应用

城市综合管廊的规划一般分为"近期建设和远期规划"，因此管廊建设是一项长期的、扩展的动态行为，与综合管廊有关的基础信息和设施资源，如服务器、存储和网络等，如果仍以传统的计算物理设备运行，就无法满足远期综合管廊的规划和建设，而云计算具有适合计算规模动态变化的优良特征，在综合管廊中可提供数据检索、数据融合、信息共享、数据分析、数据挖掘、趋势预判、风险评估等分析处理的硬软件计算资源。

目前已有综合管廊项目通过搭建私有云来实现其信息化管理服务。可以预见未来智慧管廊建设的发展趋势，将会向城市级专有云平台应用进行迁移，实现SaaS 并逐步向 XaaS（一切皆服务）发展，最终到达所有智慧管廊的应用功能都以云服务的方式提供。

11.7 物联网的应用

物联网是物物相连的互联网。利用物联网技术，对管廊内的所有设备，包括传感器、机器人、监控设备等进行唯一身份认证，基于物联信息构建综合管廊的数字孪生（Digital Twin），并以此为基础，实现识别、定位、跟踪、监控和管理功能的精准化与智能化。窄带物联网技术（NB—IOT）是物联网技术的新的发展，具备低功耗、广覆盖、低成本、大容量的特点，能提供经济、可靠、全面的蜂窝数据链接覆盖。NB—IOT的上述特点使之非常适合在管廊中应用，以实现综合管廊内部设备和人员的智能实时识别、定位、跟踪、监控和管理等功能。

11.8 大数据应用

大数据技术和新型计算机技术（如量子计算机等）的发展，实时分析处理数据的速度会更加迅速，从而降低大数据技术的应用门槛，拓展大数据的应用领域。大数据智能理论重点突破无监督学习、综合深度推理等难点问题，建立数据驱动、以自然语言理解为核心的认知计算模型，形成从大数据到知识、从知识到决策的演进能力。在智慧管廊行业，运用大数据可以快速生成管廊运行模型、故障预警模型、运营决策模型，成为综合管廊智慧运营服务管理的重要基础。比如，根据气象信息，预测雨水洪峰、用气峰期等大数据，制定管廊保养监测计划，提前检修，确保管廊顺利度过洪峰期。另外，管廊大数据平台可以接入城市大数据平台，继而构建多元异构数据融合的城市运行管理体系，实现对管廊及城市其他基础设施等的全面感知以及对城市复杂系统运行的深度认知。

11.9 移动通信的应用

移动通信技术包括3G、4G、5G技术。5G在时延、传输速率、频率利用率上，都比4G有了显著的提升。5G无线通信技术运用大规模天线、自适应侦测、毫米波等技术，支持高带宽大容量数据传输，提高系统通信的可靠性，降低系统内传输节点的时延，用于综合管廊系统之间的数据传输，为智慧管廊提供优质安全的无线网络支撑。

11.10 人工智能的应用

人工智能，英文缩写为AI，是研究、开发用于模拟、延伸和扩展人的智能的理论、方法、技术及应用系统的一门新的技术科学。人工智能技术探索智能的实质，是生产与人类智能相似的方式做出反应的智能机器，可以处理不确定性、不可知性、非线性问题，具备协作、学习、解释和推理等能力。可以利用人工智能相关技术，如巡检机器人、智能语音、机器视觉、智能搜索、智能控制、生物特征识别等，对综合管廊进行动态巡检与在线监测，对管廊内的电力、水力、通信管线设施进行表面外观与实时发热情况分析，并对燃气泄漏、水管破损泄漏情况进行综合监测与分析诊断。

11.11 边缘计算

边缘计算是指在用户或数据源的物理位置或附近进行的计算，这样可以降低延迟，节省带宽。

在云计算模式中，计算资源和服务通常集中在大型数据中心内，而最终用户则是在网络的边缘访问这些资源和服务。这种模型已被证实具有成本优势和更高效的资源共享功能。但是，新型最终用户体验（如物联网）则需要计算能力更接近物理设备或数据源的实际位置，即网络的"边缘"。

目前国内已有大量的项目采用边缘设备采集处理综合管廊视频监控、环境与设备监控等数据，并结合管廊运维需要进行必要的数据分析和联动控制，最终通过云边协同实现环境监测、安全防范、设备管理、消防和通信管理等的统一自动监控和智能运维。

11.12 智慧管廊

1. 智慧管廊综合监控信息平台
智慧管廊综合监控信息平台设计原则。

综合管廊智能监控系统本着综合管廊安全、可靠地运行，秉持技术先进性、架构合理性、安全稳定性、统一性、可扩展性等原则，构建适合于综合管廊目前和未来发展需要的管理信息平台架构，保证其体系架构和应用框架能构建在具有远期发展规划的应用平台基础上。系统各项建设原则具体要求如下：

（1）架构合理性原则。

在系统结构上采用开放式的结构，具有极大的灵活性、可扩展性。采用可靠、高性能的系统总线，确保系统的高效 I/O 处理能力。采用高速网络传输技术、数据库技术，确保系统具有高效数据交换能力和安全稳定性。

系统在高并发的情况下，能够保证并发的、分布式事务的完整性，数据的一致性。在系统出现宕机或者其他非正常状态时，实现快速的节点切换、并保证业务逻辑的完整性和一致性。

系统具备方便、快捷、人性化的人机接口，能够支持台式机、笔记本、手机等多种设备。信息展示要求有监控画面、趋势、报警和报表等多个格式。

系统具有开放的接口，能方便灵活地和智慧城市信息平台对接。

系统可以和管廊内管线监控系统接口，可以实现管廊、管线统一管理。

（2）安全稳定性原则。

系统要选择实用、成熟、可靠、有使用实绩的系统和设备，备件能够保证供应。系统采用分级用户权限控制，数据库支持备份，配备系统防火墙，硬件架构上专网专用，安全防护等级高。

（3）可扩展性原则。

综合管廊智慧管控系统按照总体配齐、预留发展的原则设计。所谓总体配齐是指将满足现有监控、管理、运维、分析、预测和决策功能配备齐全；所谓预留发展是指设计的系统应具有较强的扩展能力，以适应将来技术发展的需要。所以要考虑系统的成熟性、兼容性、开放性，便于以后的扩展和开发。

（4）低维护量原则。

系统所采用的产品易操作，易维护。监控系统对各子系统综合监控、集中管理，提高了系统的高效性，降低系统的管理成本。

2. 智慧管廊平台采用的先进技术

智慧管廊平台采用了物联网、SCADA、运维管理、GIS、管网分析模型、云计算、大数据等先进的技术手段来实现综合管廊的信息化、网络化和智慧化。

3. 综合管廊智慧管控系统的系统架构及功能划分（图11.12-1）

智慧管廊平台架构主要包括以下几个部分：

（1）感知层：主要包括环境与设备监控（风机控制、水泵控制、气体检测、水位检测、温湿度检测、氧气浓度监测等）、安防系统（视频监控、入侵报警、电子巡更、门禁、人员定位等）、消防系统（光纤测温、自动灭火、烟感等）、通信系统（工业电话、工业手机等）、供电和照明和管线监控（电缆检测、管道检测等）。

（2）网络层：采用多个光纤环网，保证数据通信的安全性、快速性和稳定性。

（3）数据层：感知层的多个系统数据信息在本层汇集，避免了信息孤岛，避免IT黑洞。环境和设备监控、安防、消防等系统，不同厂家采取的通信协议不尽相同。

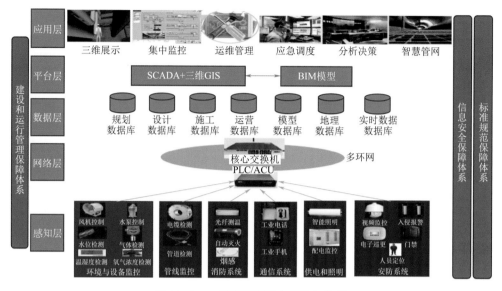

图 11.12-1　智慧管廊平台系统架构图

（4）平台层：运维阶段主要采用SCADA+GIS的平台，SCADA和GIS数据共享，深度集成，充分利用SCADA的系统可靠性、操作便利性和三维GIS丰富的数据信息和多样的展示手段。数据来自于规划数据库、设计数据库、施工数据库、运营数据库、模型数据库、地理数据库、实时数据数据库等。

（5）应用层：包括三维展示、集中监控（环境和设备监控、安防、消防）、运维管理、应急调度、分析决策、智慧管网等。

智慧管廊平台符合智慧城市的架构体系，为融入智慧城市平台打下很好的基础。开放式结构，支持第三方软硬件接入。可移植到云计算平台，支持智慧城市接口。

根据功能要求，借助性能优越的检测设备、安防设备、消防设备和控制设备，采用先进的控制技术、网络技术、计算机技术，开发了综合管廊智慧管控平台，平台内所有数据完全共享，业务互相协作，达到真正的平台统一。综合管廊智慧管控系统的系统架构如图11.12-2所示。

综上所述，根据功能划分，可分为以下系统进行介绍：

① 基于3D的监视平台；

② 环境与设备监控；

③ 安防系统；

④ 火灾报警及自动灭火；

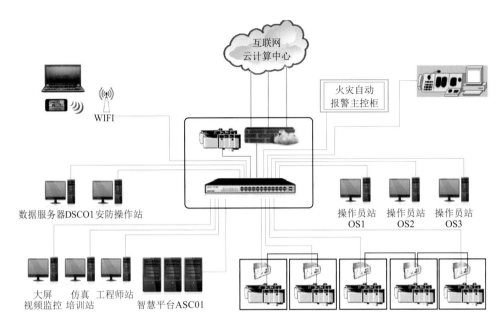

图 11.12-2　智慧管控系统的系统硬件网络图

⑤ 通信系统；

⑥ 运维系统；

⑦ 电子标签系统；

⑧ 应急管理系统；

⑨ 分析决策系统；

⑩ 移动端信息展示；

⑪ 仿真平台；

⑫ 其他。

4. 智慧管廊综合监控信息平台主要功能介绍

智慧管廊综合监控信息平台主要功能有：参数检测及设定，设备状态监视，故障报警显示，设备的自动联锁顺序控制，运行、维护、管理、分析决策等。主要系统的功能如下所述：

1）基于3D的监视平台

建立三维信息化系统，实现可视化监控，实现管廊设备设施的数据记录和管理，实现管廊运维的虚拟模拟，如图11.12-3所示。实现基础设施设备档案记录及维护的平台，将与各类管线的相关原始信息存入计算机信息数据库中，实现动态数据的实时传送和监视，达到对基础设施及设备的信息化和可视化。该3D平台实现整个管廊系统的漫游浏览、分区显示、动画导航、空间测量、设备动态信息显示、实时数据监控（图11.12-4）、设备信息查询、监控画面调取、车辆人员定位等功能。

图 11.12-3 三维虚拟漫游例图

图 11.12-4 实时数据监控

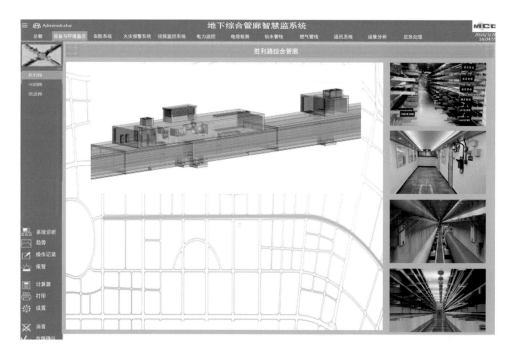
图 11.12-5 360° 全景展示

360° 全景功能以360° 全景虚拟现实技术为基础，真实、全面、直观地展现管廊的全貌，具有多视角、多角度、全方位的360° 环视特点，给客户带来身临其境的全新真实现场感和交互式感受，如图11.12-5所示。

2）环境与设备监控

设备监控主要包括环境监测、排水控制、通风控制、智慧照明、电力监控等控制，以及数据的分析、处理和利用，系统具备手动检修模式、自动工作模式、巡视工作模式、灾前模式和灾后模式等，如图11.12-6所示。

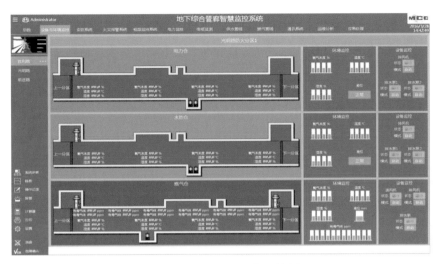

图 11.12-6 环境和设备监控例图

3）安防系统

实现安防系统在智慧平台的信息集成和自动联锁，综合管廊安防系统包括视频监控、LCD拼接屏、防入侵系统、井盖监控、门禁系统和人员定位，如图11.12-7所示。

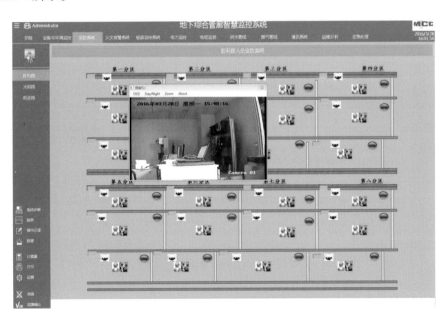

图 11.12-7 综合管廊安防系统界面

4）火灾报警及自动灭火

火灾独立成系统，火灾报警系统的状态通过通信在智慧综合管廊平台显示，如图 11.12-8 所示。

5）通信系统

实现通信系统在智慧平台的信息集成和自动联锁，综合管廊的通信系统包括电话系统、广播和无线 AP，如图 11.12-9 所示。

图 11.12-8　综合管廊消防系统界面

图 11.12-9　综合管廊通信系统画面例图

6）运维系统

智慧管廊运维系统主要包括人员管理、资产管理、成本管理和档案管理四个部分。人员管理包括人员信息管理、人员排班管理、外来施工人员管理等；资产管理包括设备采购流程管理、备品备件管理、入廊管网信息管理、维护或维修流程管理、入廊流程管理、日常巡检流程、缺陷管理等；成本管理包括人员成本管理、维护成本管理、耗能成本管理、成本预测等；档案管理包括法律法规档案管理、设计图纸管理、设备台账管理、归档流程管理等。

7）电子标签系统

每一个设备或管线都有自己唯一的电子标签，通过扫描可以得到其名称、安装位置、维护方法、注意事项等身份信息。

8）应急管理系统

应急管理系统包括紧急告警与人员安全系统、应急预案管理、应急任务分配、应急车辆管理、应急人员与车辆定位跟踪等，如图11.12-10所示。

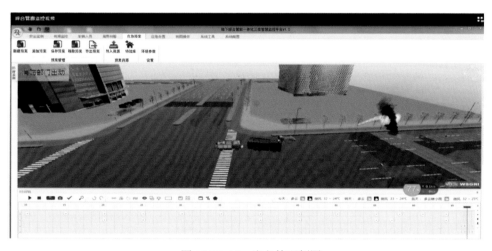

图 11.12-10　应急管理例图

9）分析决策系统

将决策数据集成在系统平台内，能够对决策进行功能支持，并对数据趋势进行预测，提前做出应急预案，如图11.12-11所示。

10）移动端信息展示

能够和手机等移动终端进行互联，实现移动端对平台的监控信息显示、移动端报表查看、报警移动端推送、数据移动端定时推送等。

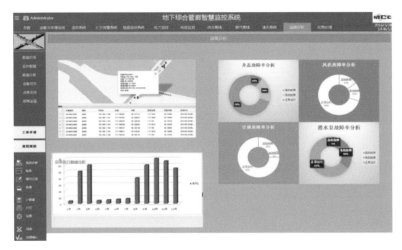

图 11.12-11　管廊分析决策画面例图

11）仿真平台

平台能够进行三维动态仿真，能够模拟、预估生产状况，还可以用于新员工培训。

12）其他

反映管廊的高清晰度彩色画面；

灵活方便的画面设计和画面操作；

控制系统总体及局部的工作状态显示；

过程控制的数据处理及趋势图显示；

系统故障及报警信号的显示、记录及打印；

考虑与智慧城市的接口；

考虑与管网监控系统的接口。

通过具有实时监测、智能分析、预测预警和风险研判一体化的全生命周期综合管廊智慧平台，以及新技术、新装备的应用，智慧管廊可实现综合管廊的可视化管理、自动化维检、智能化应急、标准化数据、全局化分析、精准化管控，可提高综合管廊的智能化管控水平与运行效率，降低了运维管理成本，保障综合管廊、市政管线和人员的安全。

11.13　绿色技术

绿色技术就是指人们能充分节约地利用自然资源，而且在生产和使用时对环境无害的一种技术。绿色技术在环境保护上的重要贡献使得绿色技术随着全球环保事业的全面兴起而逐渐成长。我国发展绿色技术的主要内容是：能源技术、材料技术、催化剂技术、分离技术、生物技术、资源回收及利用技术、低冲击开发绿色市政技术。

本项目中结合绿色技术的原则主要用在以下几个方面：

1. 绿色材料

绿色材料是指在原料采取、产品制造使用和再循环利用以及废物处理等环节中与生态环境和谐共存并有利于人类健康的材料，它们要具备净化吸收功能和促进健康的功能，如天然的石材、木材、竹材和棉布等，不含有害的化学物质。

设计中应考虑从环境及检修维护人员的安全出发，管廊本体结构材料、管道材质、外保温方式、管廊附件等材质材料均选用绿色材料，与绿色主题相结合。

2. 低冲击开发绿色市政技术

建设开发对生态环境的影响减小到最低程度，城市与大自然共生。管廊平面及竖向设计以不影响基本的地形构造、不破坏主要的生态系统和碳汇林容积量、不影响城市的文脉及其周边的环境等为原则，如图11.13-1、图11.13-2所示。特别是城市建设之后不影响原有自然环境的地表径流量。

图 11.13-1　与道路融为一体的管廊通风口　　图 11.13-2　与绿地融为一体的管廊通风口

3. 绿色照明

光导管日光照明技术

近年来，由于能源供应日趋紧张，环境问题日益为人们所重视。能源应用角度，阳光取之不尽用之不竭，现在人们已经利用阳光供热，利用阳光发电等，通过直接利用光谱照明系统把阳光引入我们需要照明的场所，直接利用阳光减少碳排放，提升净化生活环境；健康人居角度，温暖舒适，回归自然。

在此背景下光导照明系统越来越多地受到国内外相关人士的关注，并且在国外得到广泛的应用。目前，国外有很多生产此类产品的公司，其产品广泛应用于各种场合，如大型体育场馆和公共建筑以及办公楼、住宅、商店、旅馆、白天阴暗的房间或地下室、地下车库等建筑的采光照明中，也适用于地下城市综合管廊照明。

导光管日光照明系统作为一种无电照明系统，采用这种系统的建筑物白天可以利用太阳光进行室内照明。其基本原理是，通过采光罩高效采集室外自然光线并导入系统内重新分配，再经过特殊制作的导光管传输后由底部的漫射装置把自然光均匀高效地照射到任何需要光线的地方，从黎明到黄昏，甚至阴天，导光管日光照明系统导入室内的光线仍然很充足。如图 11.13-3~图 11.13-5 所示。

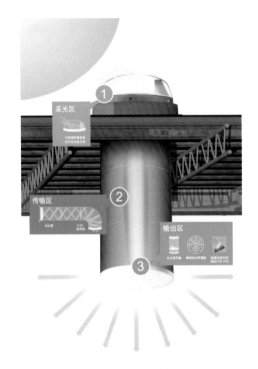

图 11.13-3　光导管日光照明原理图

图 11.13-4　光导管实景图 1

图 11.13-5　光导管实景图 2

4. 半预制施工技术

半预制施工技术是对现浇以及预制两种技术的融合应用，该技术兼具两种技术的优势，具体结构形式为盖板＋U形槽、盖板＋倒U形槽以及双层叠合墙体3种类型。

盖板＋U形槽结构施工期间，施工单位需要通过现浇的方式将管廊底板以及侧墙建造出来，在工厂内完成匹配现浇结构的顶板，通过吊装将运输至现场的预制结构与U形现浇结构连接，通过浇筑的方式构建综合管廊的整体结构。这种方式只需再针对顶板进行浇筑后浇带工作，无需应用较多支架模板，施工效率高且成本低，施工产生的垃圾污染物也相对较少，但是在结构防水方面因为预制顶板与现浇结构连接部位的缝隙增加了施工难度。

盖板＋倒U形槽结构施工期间，施工单位需要通过现浇的方式将管廊底板建造出来，在工厂内完成匹配现浇底板的倒U形槽结构，通过吊装将运输至现场的预制结构与底板连接，再经过浇筑构建综合管廊的整体结构。这种方式不再将支架模板用于顶板与侧墙的浇筑环节，能够有效加快工程进度，建设成本支出和施工产生的垃圾污染物也相对较少，但是在结构防水方面因为预制结构与底板连接部位的纵向缝隙增加了施工难度。如图11.13-6所示。

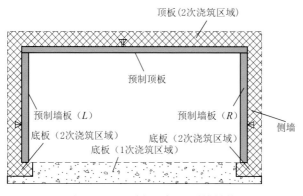

图11.13-6　盖板＋倒U形槽结构

双层叠合墙体结构施工期间，施工单位需要在完成叠合底板以及双层叠合墙体的安置工作后，开展底板浇筑施工，然后进行叠合顶板安装以及相关部位的浇筑施工。相对而言，这种管廊结构相对封闭，在顶板、底板、侧墙施工过程中无需使用较多的模板，避免了大量的钢筋绑扎工作，无论是在防水、成本方面，还是在施工效率方面都更具优势。如图11.13-7、图11.13-8所示。

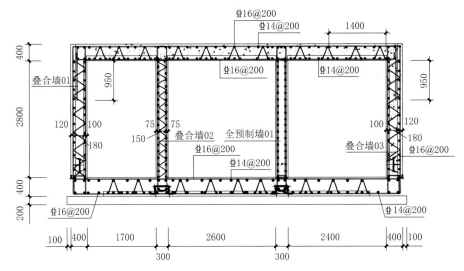

图 11.13-7　叠合结构设计示意图

图 11.13-8　双层叠合管廊

5. 综合管廊循环水喷淋养护系统

综合管廊循环水喷淋养护系统包括加压泵、沉淀池、出水管、阀门、喷淋管、扬尘管和集水井水泵等部分。其工作原理为在洗车台一侧布置沉淀池，使其中的清水在加压泵作用下进入出水管，然后由出水管连接喷淋管对综合管廊进行喷水养护；在出水主管上设置阀门对喷淋管进行控制。在对综合管廊喷水养护后，养护水经由墙板流下排至集水井内，并在其中设置水泵再通过扬尘主管抽至沉淀池，实现循环水喷淋养护，综合管廊循环水喷淋养护系统工作流程如图 11.13-9 所示。综合管廊循环水喷淋养护系统极大地提高了水资源的循环利用率，简化了综合管廊养护工作，节省了人力物力，节约了施工成本。

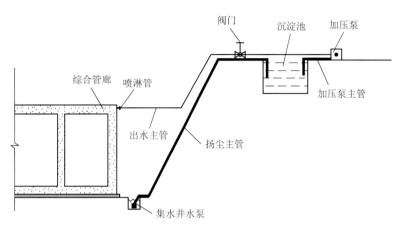

图 11.13-9　综合管廊循环水喷淋养护系统

11.14　新材料

1. 玻璃丝纤维增强塑料管廊

玻璃丝纤维增强塑料顶管技术目前已经趋于成熟，通常用在重力流雨污水管道方面。国内自1999年以来，西安、长沙、沈阳、石家庄、广州、临海、湛江等地区也相继将该技术应用于市政排水工程中，并获得了成功。天津北辰区北辰西路污水管道采用1000~1200mm玻璃丝纤维增强塑料顶管，单次顶进最大达到120m。2008年上海市污水治理三期工程时曾对DN2000的玻璃丝纤维增强塑料、钢筋混凝土、钢管分别设置实验段进行了对比，对比结果见表11.14-1。

表 11.14-1　玻璃丝纤维增强塑料管、钢筋混凝土管、钢管对比

工程内容	DN2000 玻璃丝纤维增强塑料管	ϕ2200F 型钢筋混凝土管	DN2200 钢管
管壁厚（mm）	60	220	22
管节长（mm）	3000	2500	3000
延米管重（kg/m）	777	4182	1206
延米管材单价（元/m）（不包含运费）	5500（估）	2600	6030

工程内容	DN2000 玻璃丝纤维增强塑料管	ϕ 2200F 型钢筋混凝土管	DN2200 钢管
橡胶圈单价（元 / 圈）	250×2（估）	280	0
胶合板衬垫（元 / 圈）	100（估）	200	0
防腐涂料（元 /m）	0	175	300（估）
ϕ 8.5m 工作坑钻孔灌注桩 + 旋喷桩（元 /m）	2522.5	2522.5	2522.5
ϕ 6.0m 接收坑（元 / 座）钻孔灌注桩 + 旋喷桩（元 /m）	1605	1605	1605
顶 200m 施工费用（元）	560000（相当 ϕ 1800 混凝土管）	724600	653600（相当 ϕ 2000 混凝土管）
合计（元 /m）（不含工作坑、接收坑）	8900	6955	9630
合计（元 /m）（含工作坑、接收坑）	13027.5	11005.5	13600.5

可见当时玻璃丝纤维增强塑料顶管在经济上略逊于钢筋混凝土顶管。但随着技术的发展和工艺水平的提高，目前玻璃丝纤维增强塑料管材已低于同口径钢筋混凝土管节。

玻璃纤维增强塑料管质轻强度高，具有优良的力学、物理性能。一般玻璃纤维增强塑料管的密度约为钢材的 1/4，同口径单位长度质量一般为钢板卷管的 1/5，是预应力钢筋混凝土管的 1/10~1/12，其拉伸强度与合金相似，比强度为钢的 2~3 倍。

玻璃纤维增强塑料管外表面光滑，摩擦系数小。由于玻璃纤维增强塑料管是在芯模上成型的，故外表面非常光滑，粗糙系数 n=0.0084，阻尼系数 C=150，实际顶进时所需顶推力较小。

玻璃纤维增强塑料管以树脂等为内衬，具有优异的耐腐蚀性能，使用寿命长。玻璃纤维增强塑料管具有特殊的耐化学腐蚀性能，可耐各种酸、碱、盐、氧化剂、有机溶剂、无机溶剂、污水、海水等，管壁无需作任何防腐处理。玻璃纤维增强塑料管按美国 AWWA-C-950-95 标准设计，设计使用寿命未超过 50 年，经过特殊处理后寿命完全能够达到 100 年。

玻璃纤维增强塑料管施工操作方便、快捷玻璃纤维增强塑料管自重较轻，施工时无需大型起重设备；另外，每节管子较长，工程范围相同时，管接头较其他材质的管道少，可节约安装费用，减少施工时间（图11.14-1）。

图 11.14-1 增强塑料管廊施工现场

玻璃纤维增强塑料材质因其可以热熔、切割等技术特点，更加适用于小型管廊引出较多的情况。

2. 钢制波纹管廊

钢制波纹管，在发达国家多用于公路桥涵的建设，而在国内的基础建设中应用较少，将钢制波纹管应用于地下综合管廊，应重点解决钢制管廊防腐蚀问题。

相比于传统现浇钢筋混凝土综合管廊，装配式钢制管廊建设工期短，施工过程更加环保高效。由中冶京诚工程技术有限公司研制的国内第一代装配式钢制管廊技术，填补了我国装配式钢制管廊的技术空白，对国内外大断面多舱装配式钢制综合管廊起到了一定的科技示范作用。

波纹钢管—土组合结构体系的装配式大截面钢制管廊。断面采用管拱形断面，如图11.14-2、图11.14-3所示，这种断面内部空间较大，管道宜布置，抗浮和结构受力都较好。钢制管廊结构为波纹钢与土体共同作用，波纹钢板管通过自身变形来调整内力，因此对管廊周围土体刚度不宜相差太大。对于管拱形截面地基刚度与结构性回填土刚度宜协调，故一般采用天然地基，并在地基表面设置垫层。

由于波纹钢管管廊与周围土体共同作用，土体结构性回填对钢制管廊受力影响较大，因此需要对钢制管廊结构性回填进行专门设计。结构性回填土性质应根据当地地质条件、地下水位情况、降水情况、回填土施工难度、施工运输等综合考虑而定。

对于管拱形截面钢制管廊，腋角和腰部部位回填土至关重要，应根据结构受力情况、基坑开挖宽度确定。对于腋角部位考虑回填施工难度，宜采用流态低强度人工材料进行灌注，例如水泥土、水泥砂浆等，同时要求固化后强度不宜太高，强度太高后会造成应力集中，太低会因压碎导致管廊变形过大。腰部回填土宜根据有限元计算结果综合确定。

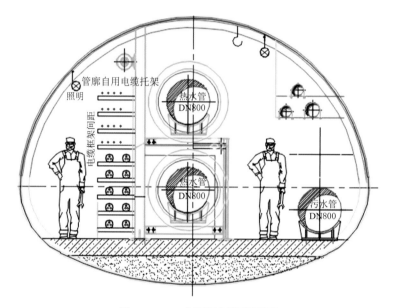

图 11.14-2　典型钢制管廊断面

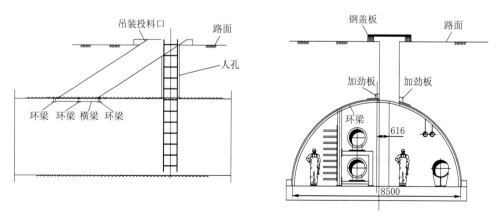

图 11.14-3　钢制管廊的吊装口和逃生口

（1）钢制综合管廊的防水体系。

结构外防水。装配式钢制综合管廊结构是采用波纹板片拼装而成，需在波纹钢制板片上进行防水处理，防水材料需要与波纹钢制板片紧密贴合。因此，本研究项目选用喷涂型的防水材料作为结构外防水介质使用。目前国外的装配式钢制综合管廊未采用喷涂型结构外防水体系。喷涂型的外防水材料能够适用于大断面钢制管廊防水体系，为大断面钢制综合管廊外防水提供了有力的保障。

结构自防水。结构自防水包括两块拼装板片间防水和高强度螺栓连接处防水。板片间和螺栓处采用弹性密封垫为主要防水措施，并保证弹性密封垫的界面满足限值要求。弹性密封垫的界面应力不应低于1.5MPa。

装配式钢制综合管廊补漏措施。钢制综合管廊渗漏时一般采用综合治理的方法，即刚柔结合多道防线。钢混结合处及混凝土节点处补漏措施为首先疏通漏水孔洞，引水泄压，在分散低压力渗水基面上涂抹速凝防水材料，然后涂抹刚柔性防水材料，最后封堵引水孔洞。并根据工程结构破坏程度和需要采用贴壁混凝土衬砌加强处理。其处理顺序是：大漏引水—小漏止水—涂抹快凝止水材料—柔性防水—刚性防水—注浆堵水—必要时贴壁混凝土衬砌加强。裂缝渗漏水一般根据漏水量和水压力来采取堵漏措施。对于水压较小和渗水量不大的裂缝或孔洞，可将裂缝按设计要求剔成较小深度和宽度的V形槽，槽内用速凝材料填压密实。裂缝渗漏水处理完毕后，表面用掺外加剂防水砂浆、聚合物防水砂浆或涂料等防水材料加强防水。钢制管廊标准段采用注浆方式，注浆材料有环氧树脂、聚氨酯等。

通过对装配式钢制综合管廊的渗漏水研究补漏措施，可保证在超过钢制管廊的百年使用寿命后，也能迅速提出解决方案，保证钢制管廊内部管线安全，延长钢制管廊使用寿命。

（2）钢制综合管廊的防腐措施。

钢制管廊的腐蚀分为外腐蚀和内腐蚀。外腐蚀主要来自土壤环境，腐蚀环境要求防腐蚀层具有良好的介电性能和其他物理性能，稳定的化学性能和较宽的温度适应性，满足防腐蚀、绝缘、耐阴极剥离以及足够机械强度等要求。钢质管廊的内腐蚀来自钢制管廊内部的大气环境。钢制波纹管廊不仅要面对以上腐蚀环境，还要考虑管廊内部有高压电缆，由于管廊长度较长，途经不同土壤，电位差较大，也会带来腐蚀。为了保障防腐层的有效性、可靠性以及经济性，在选择防腐层时需要考虑防腐层所处的环境及运行工况、防腐层的技术性能。因此，管道外防腐涂层种类的选择从各类防腐涂层工艺、造价、适用环境、配套补口技术、防腐涂装作业条件与管道敷设施工条件、防腐层的合理寿命与合理的一次投资与二次投资、防腐材料的应用历史等因素综合考虑。基于钢制管廊防腐环境和现有国内外防腐材料、钢制管廊的防腐需求和国内外重防腐工程实践，可采用热浸镀锌+沥青+土工布和环氧粉末+阴极电流保护的两种组合防腐措施。

（3）钢制综合管廊的快速安装方法。

目前国内外小断面钢制管廊多采用整管方式，钢制管廊环向不存在或少数螺栓连接，拼装难度较小，但断面增大后，拼接难度加大，需采用快速安装方法进行拼接。

传统波纹板连接是按照大小边的工艺制成，板片两个侧边孔距不相等，造成板片两排端孔是一条斜线，不仅不利于制造，在安装过程中还会出现"喇叭口"现象，安装时孔对不齐、板片安装方向错误、圈组累计误差导致波形错位、安装难，按照大边外包小边顺序安装时，只能按顺序一张一张、一圈一圈安装，不能间断、跳转，安装效率低，如图11.14-4所示。

图 11.14-4　传统大小边连接构造

新型装配式钢制综合管廊连接构造将圈组分为A环圈和B环圈，安装顺序为A环圈和B环圈再A环圈及B环圈交替方式，板片两侧边孔距相等，端孔为一条直线。从制造角度讲，板片结构更简单，易大批量加工。从安装角度讲，由于采用两种圈组，因此可独立安装，具体安装方法可将安装人员分成多作业面，同时组装A、B圈组，然后将B圈组吊装到位，此时再分别吊装A圈组到位，此过程同时可以组装其他圈组。该安装方法可以由多作业面组成，安装效率提高2倍。从密封角度讲，板片孔呈长方形，安装时波形不易像传统方式形成错位，有利于密封，如图11.14-5所示。

图 11.14-5　新型 AB 圈连接构造

钢制装配式地下管廊，实现了综合管廊的工业化生产、机械化施工，加快了综合管廊的建设速度，提高了综合管廊的建设质量，有利于保障城市安全、完善城市功能、美化城市景观、促进城市集约高效发展，也有利于提高城市综合承载能力和城市化发展质量，符合国家建筑产业现代化政策。

3. 竹制管廊

目前，中国科学家研制出了竹缠绕复合新材料。2018年4月24日，世界首条竹缠绕城市综合管廊在内蒙古自治区呼和浩特市元亨石墨产业园铺设成功。实践证明，这确实是一种性能非常卓越的材料。

竹缠绕，全名薄竹缠绕技术，是一种通过对集成竹材、层积竹材、竹纤维板或重组竹材等竹材半成品的刨切加工获得薄竹片，然后将薄竹片作为一种增强材料使用低成本的氨基树脂进行胶合连接，采用往复式机械缠绕工艺制成所需要的曲体制品的技术。

经过实验检测，它的抗压强度与C30混凝土抗压强度相等，并且能够满足城市综合管廊工程技术的各项规范要求。

竹材作为一种性质优良的生物质材料，具有极其优良的物理性能，相对于木材而言，竹材的弹性高、韧性强，其顺纹抗压强度为木材的1.2~2倍，而顺纹抗拉强度为木材的2~25倍。薄竹缠绕技术正是利用了竹材的特点来加工制造出性能优异的竹制品。

首先是薄竹条的制备，将通过胶合、层积、重组等改性方式获得的竹方材，通过软化刨切为厚度在0.15~1.5mm之间的薄竹片或厚度为0.15~1.5mm之间的微薄竹片，然后根据具体的需要将片接长加工为所需的薄竹条。

薄竹条制备完成后，利用氨基树脂作为胶粘剂，将薄竹条通过机械设备缠绕在产品模型之上，等待胶粘剂固化后，再将产品进行脱模处理，经过检验最终获得所需的产品。

使用薄竹缠绕工艺生产的复合管，沿管径方向主要分为内衬层、增强层和外防护层3层。

其中内衬层为用树脂及毡制作而成的内衬，起到防水作用，将薄竹片用衬布粘接、缝合或编织为一整条连续的带状竹条，施胶后将竹条通过机械往复式地缠绕在内衬层上，由环向层和螺旋层经过固化共同构成复合管的增强层，最后在增强层外喷涂防腐材料作为外防护层。

这种采用竹缠绕技术制造而成的竹复合管成本低于绝大多数管材，使用寿命长、强度高、变形率低，是一种十分理想的工程用材。

竹缠绕材料的另一大优点就是轻，它的重量仅为传统钢筋混凝土管廊的十分之一，原来需要起重机才能搬运的小型管道，现在一个人就能搬起来，这极大地降低了安装难度，提高了施工效率。

竹缠绕城市综合管廊每段最大直径3m，长12m，重10t左右，施工时仅需2台25t起重机，一天最快可以安装120m，安装速度是传统管廊的10倍。如图11.14-6、图11.14-7所示。

（a）　　　　　　　　　　　　　（b）

图 11.14-6　竹制纤维管廊

图 11.14-7　竹制管廊施工

综合下来，它的综合成本相比起混凝土管道降低了10%~30%，而且使用寿命长，绿色低碳。

建设单位采用芯片、传感器和激光测距仪等在线检测技术，实时监测管廊的受热、形变状况，智能化程度国内领先，使其使用寿命可以达到100年以上。

竹缠绕管廊不仅价格更低，而且性能上也更优秀，经国家化学建筑材料检测中心等权威机构检测认定，在同等埋深和受压条件下，竹缠绕城市综合管廊的抗震、抗沉降能力、保温防冻性、耐腐蚀性等，均优于混凝土管廊。

试验分析结果表明，在埋地1m深、地面车载90t的情况下，竹缠绕城市综合管廊最大竖向变形量不到1%，远低于3%的控制标准。

4. 高分子材料（塑料）管廊

高分子装配式管廊主材为PP—B HM LCSP，廊体结构主要由外层、肋管层、内层（阻燃材料层）组成。

其中，外层厚度20mm，肋管层缠绕的肋管直径为120mm，内层厚度为10mm，阻燃层厚度为15~20mm，内衬防火层为5~10mm，内衬不锈钢为1mm。采用此种管壁结构形式，一方面可减少原材料的使用量，另一方面可以通过肋管的间距调整和内外层厚度的调整来达到多种不同环刚度要求的管壁结构。其结构如图11.14-8所示：

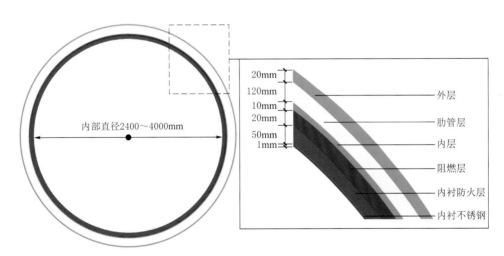

图 11.14-8　热缠绕管多层管壁断面结构示意图

主体原材料为聚丙烯BorECO™ BA212E，一种高分子量、低熔体、有很高的刚性和冲击强度的非承压管的聚丙烯嵌段共聚物。BorECO™ BA212E用于实壁和结构壁的非承压水管（包括螺旋绕管和双壁波纹管），物理性能见表11.14-2。

表 11.14-2　聚丙烯 BorECO™ BA212E 物理性能表

性能	典型值
密度	900kg/m³
熔流率（230℃/2.16kg）	0.3g/10min
曲模量（2mm/min）	1.7MPa
拉伸屈服应变（50mm/min）	8%
拉伸屈服应力（50mm/min）	31MPa
夏比缺口冲击强度（23℃）	50kJ/m²
夏比缺口冲击强度（-20℃）	5kJ/m²

在氧化诱导时间（OIT）的测试中，BA212E 的 OIT 数值在 200 摄氏度测试条件下氧化诱导时间超过 30min，同样外推至常温状态下，符合《城市综合管廊工程技术规范》GB 50838—2015 中"综合管廊工程的结构设计使用年限应为 100 年"的要求，其抗老化性能没有问题。

耐火极限：符合国家综合管廊规范防火（1000℃、3h）要求极限。经天津消防所检测合格，由国家消防工程研究中心（课题号：2017DABJC18，预制包覆法防火技术研究）研究确认，符合管廊耐火极限要求，廊体结构完整。

高分子材料（塑料）管廊明挖施工与钢筋混凝土排水管道施工类似，属于装配式施工，如图 11.14-9、图 11.14-10 所示。

（a）　　　　　　　　　　　　　　（b）

图 11.14-9　高分子材料（塑料）管廊明挖施工

（a） （b）

图 11.14-10 内部支架安装及激光定位

PP—B HM LCSP装配式综合管廊具备廊体制作速度快、工期短、米重轻、便于运输和安装，具备抗腐蚀性、无渗漏水，抗地质沉降、抗地震能力强，保温性能好的优点；综合成本低，后期维护成本低，可有效降低工程整体费用；兼顾人防，廊体具有防弹功能和有效屏蔽外界电磁干扰，阻雷电，保护通信信息安全；低污染、低能耗，更符合绿色、低碳、环保的建设理念。

第三篇

实践和应用

12 优秀案例

12.1 因地制宜建设综合管廊

1. 集约化综合管廊——北京临空经济区广运大街综合管廊

广运大街综合管廊位于临空经济区礼贤片区的核心区域，作为完善临空经济区综合管廊干线系统工程的"最后一公里"，串联起空港4号220kV、临空18号110kV、临空23号110kV等多个区域性市政场站，沿线规划有国际会议中心、航城总部园、中央公园、综保区等集中建设区。空间上广运大街综合管廊与道路、桥梁、绿化、河流、排水管线等协同规划设计，最终实现管廊空间布局及断面的精细化和集约化。

管廊断面细化电力需求、优化断面尺寸（图12.1–1）。综合舱断面利用率达到91.9%，电舱断面利用率达到89.59%。同时拉大了通风区间，将通风口优化减少2个，吊装口优化减少3个，人员出入口1个。广运大街综合管廊设计总长度2.9km，估算工程费2.16亿元，建设总投资约2.5亿元，单舱单公里工程投资4322万元，远低于相当规模综合管廊造价。相关图见图12.1–2。

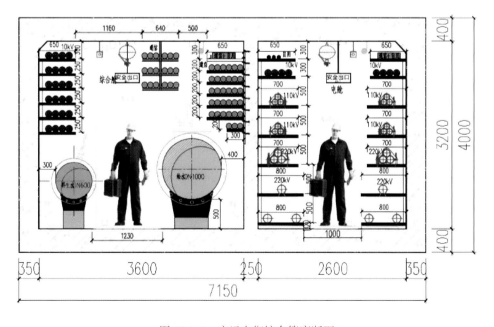

图 12.1–1 广运大街综合管廊断面

图 12.1-2　广运大街综合管廊 BIM 节点

2. 集约化综合管廊——西安纺渭路缆线管廊

纺渭路（秦汉大道—鹿苑大道）缆线管廊位于西安市国际港务区，项目北起鹿苑大道附近330kV变电站北侧，南至秦汉大道北，管廊总长约3750m，管廊覆土仅0.5m。纺渭路新建330kV电站承担着2021年全运会奥体中心、全运村等重点项目的供电需求，本项目是连接现有电缆沟道系统的通道，项目的建成将打通变电站与奥体中心路由，为港务区及奥体中心提供用电保障。相关图见图12.1-3、图12.1-4。

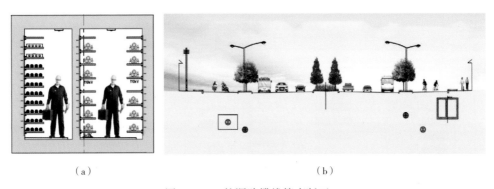

（a）　　　　　　　　　　　　　　（b）

图 12.1-3　纺渭路缆线管廊断面

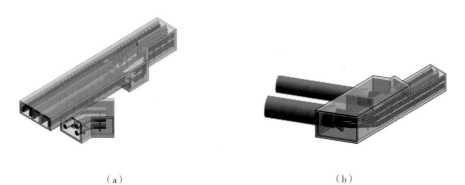

（a）　　　　　　　　　　　　　　（b）

图 12.1-4　纺渭路缆线管廊 BIM 节点

3. 集约化综合管廊——西安汉都新苑缆线管廊

根据西安市汉长安城国家大遗址保护特区总体规划，汉都新苑缆线管廊南起北三环北辅道，北至开发大道，道路红线宽度20m。缆线管廊布置在道路东侧人行道下方，管廊标准覆土0.5m，借鉴工业管廊的技术，汉都新苑缆线管廊附属设施轻量化设计。相关图见图12.1-5、图12.1-6。

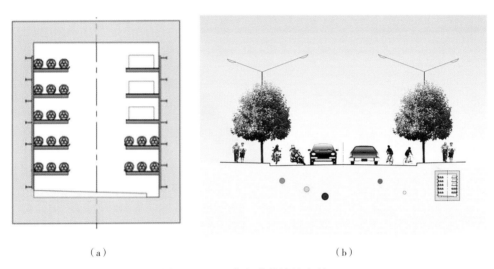

（a）　　　　　　　　　　　　　　　（b）

图 12.1-5　汉都新苑缆线管廊断面

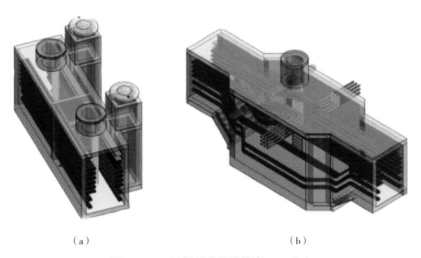

（a）　　　　　　　　　　　　　　　（b）

图 12.1-6　汉都新苑缆线管廊 BIM 节点

4. 330kV超高压电力入廊——西安朱宏路综合管廊

朱宏路位于西安市未央区，道路规划为一级快速路，道路现状与规划红线宽均为80m，结合道路改造进行综合管廊的建设。综合管廊工程南起北二环北至绕城高速，全长5.2km左右，朱宏路综合管廊入廊的电力管线包含330kV、110kV及10kV，另外包含给水、再生水和通信管线。相关图见图12.1-7、图12.1-8。

（a）　　　　　　　　　　　　　　　　（b）

图 12.1-7　朱宏路综合管廊断面

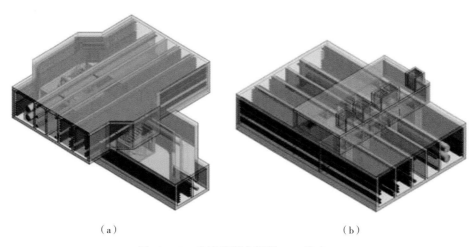

（a）　　　　　　　　　　　　　　　　（b）

图 12.1-8　朱宏路综合管廊 BIM 节点

5. 纳入蒸汽及燃气管道——西安高永路综合管廊（图12.1-9、图12.1-10）

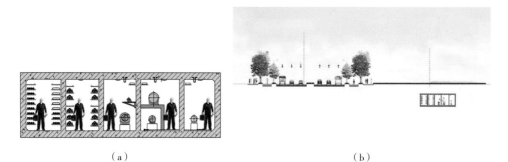

（a）　　　　　　　　　　　　　　　　（b）

图 12.1-9　高永路综合管廊断面

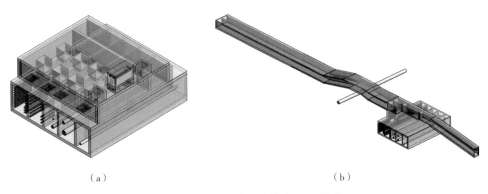

（a）　　　　　　　　　　　　　　　　（b）

图 12.1-10　高永路综合管廊 BIM 节点

6. 大口径 DN1200 给水管道入廊——西安纺四路综合管廊（图12. 1-11、图12. 1-12）

（a）　　　　　　　　　　　　　　　　（b）

图 12.1-11　纺四路综合管廊断面

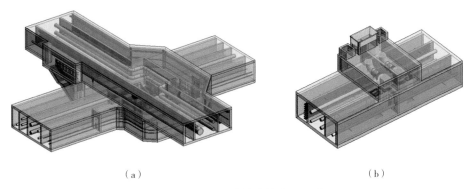

（a）　　　　　　　　　　　　　　　　（b）

图 12.1-12　纺四路综合管廊 BIM 节点

7. 污水管道纳入综合管廊——西安航空基地6号路综合管廊（图12. 1-13、图12. 1-14 ）

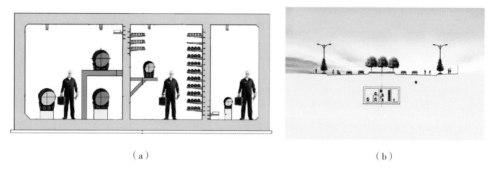

（a）　　　　　　　　　　　　　　（b）

图 12.1-13　6 号路综合管廊断面

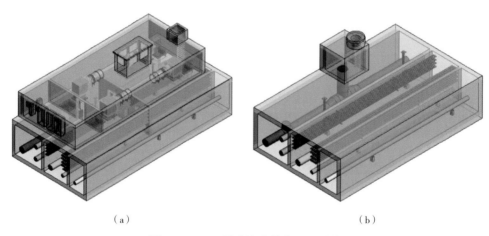

（a）　　　　　　　　　　　　　　（b）

图 12.1-14　6 号路综合管廊 BIM 节点

8. 中压燃气入廊——正定新区安济路综合管廊（图12. 1-15~图12. 1-17）

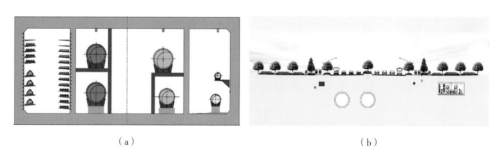

（a）　　　　　　　　　　　　　　（b）

图 12.1-15　安济路综合管廊断面

图 12.1-16　安济路现场施工图

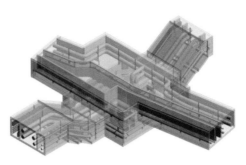

图 12.1-17　安济路综合管廊 BIM 节点

9. 大口径DN1000再生水管道入廊——正定新区太行大街北延综合管廊（图12.1-18~图12.1-20）

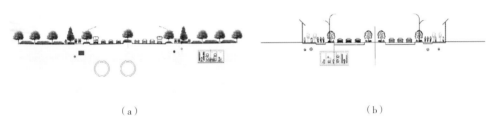

（a）　　　　　　　　　　　　　（b）

图 12.1-18　太行大街北延综合管廊断面

图 12.1-19　太行大街北延现场施工图

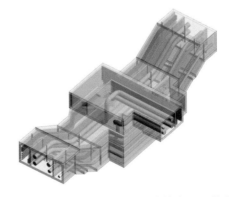

图 12.1-20　太行大街北延综合管廊 BIM 节点

10. 雨、污水入廊——正定新区顺平大街综合管廊（图 12.1-21、图 12.1-22）

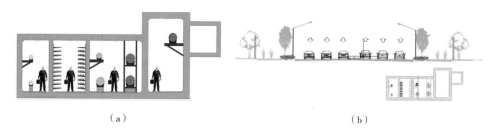

（a）　　　　　　　　　　　　　　　（b）

图 12.1-21　顺平大街综合管廊断面

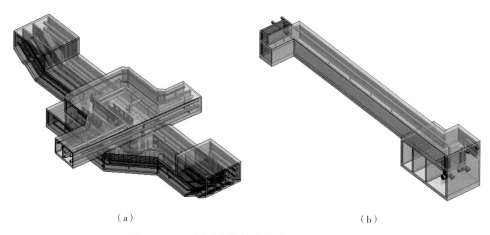

（a）　　　　　　　　　　　　　　　（b）

图 12.1-22　顺平大街综合管廊断面 BIM 节点

11. 双层布置综合管廊——西安航空城大道综合管廊（图 12.1-23、图 12.1-24）

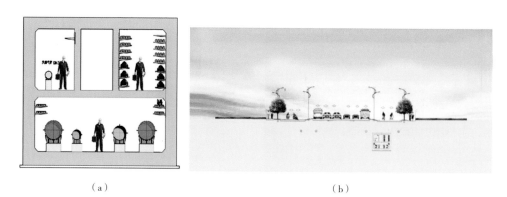

（a）　　　　　　　　　　　　　　　（b）

图 12.1-23　航空城大道综合管廊断面

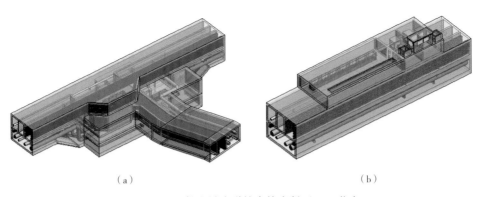

（a）　　　　　　　　　　　　　（b）

图 12.1-24　航空城大道综合管廊断面 BIM 节点

12. 大口径DN1000热力管道入廊——石家庄市建华大街综合管廊（图12.1-25、图12.1-26）

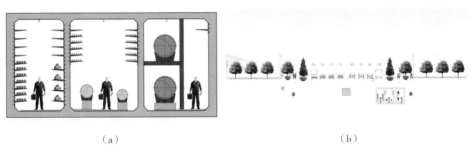

（a）　　　　　　　　　　　　　（b）

图 12.1-25　建华大街综合管廊断面

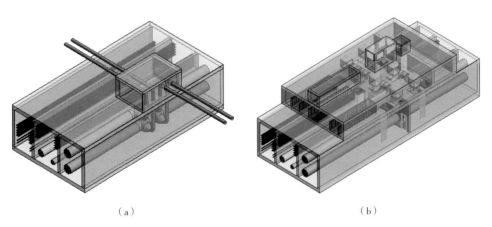

（a）　　　　　　　　　　　　　（b）

图 12.1-26　建华大街综合管廊断面 BIM 节点

13. 大型检修车入廊——石家庄正定新区怀德大街综合管廊（图12.1-27、图12.1-28）

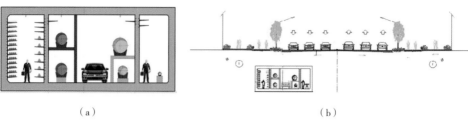

（a）   （b）

图 12.1-27　怀德大街综合管廊断面

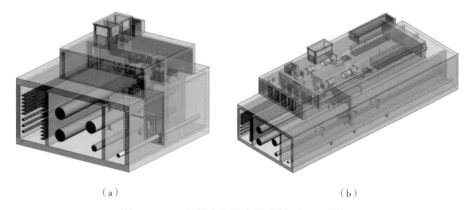

（a）   （b）

图 12.1-28　怀德大街综合管廊断面 BIM 节点

14. 雄安新区综合管廊

雄安综合管廊系统建设以安全韧性、系统协调、创新智能为理念，构建由地下综合管廊、地下轨道交通、地下停车空间、地下公共服务空间、地下公共活动空间等构成的地下空间系统。围绕轨道交通站点和公共服务中心规划地下空间整体建设区，强化地下各层各类空间通过联系通道相互衔接，实现地下商业、轨道交通、停车等功能互联互通；各独立建设区之间也应根据功能需求加强互联互通。

地下空间采用分层管控实施：

（1）浅层（地下 10m 以上）：停车、下沉式绿地广场、公共服务设施、轨道交通站厅等城市功能性公共空间；

（2）次浅层［地下 10（含）~30m］：主要为地下轨道交通站台、轨道区间段和综合管廊等市政设施空间；

（3）次深层［地下 30（含）~50m］：控制为战略预留空间，以适应各类功能的合理兼容和转换利用。

综合管廊强调集约、融合、共享、经济的设计理念，将综合管廊与地下交通隧道、多功能智慧廊道的空间融合，如图 12.1-29、图 12.1-30 所示。

图 12.1-29　综合管廊与地下交通隧道空间
融合

图 12.1-30　综合管廊与多功能智慧廊道空间
融合

2021年10月，雄安新区容东片区地下综合管廊干线实现贯通。该项目采用双层结构，上层预留物流通道，下层集纳市政配套基础设施管线，可满足未来该片区城市能源、电力、通信、供水的传输需求，为雄安新区城市智能物流配送提供保障。打造地下管廊"雄安样板"。

15. 中法武汉生态示范城综合管廊

中法武汉生态示范城综合管廊位于湖北省武汉市蔡甸区中法武汉生态示范城，其设计借鉴了法国经验，以"集约·智慧·生态"为理念，按照"两横一纵"（生态城大道、琴润大道、知音湖大道）规划布局，东西向管廊在上，呈一个"土"字形，干线总长约8.1km。

中法武汉生态示范城综合管廊标准断面宽度为13.5m，高度为4.5m，覆土厚度为3.2m。分为四舱，分别为综合管道舱、电力电信舱、电力舱、天然气舱，入廊管线包括给水、再生水、供暖热水、110kV及以上电力、10kV电力、信息、燃气管、预留垃圾气力管管位。管廊除机械进风口、自然进风孔、检查口、吊装口、人员进出口超出地面外，都暗埋于地下。相关图见图12.1-31、图12.1-32。

（a）　　　　　　　　　　　　　（b）

图 12.1-31　中法武汉生态示范城综合管廊内部

图 12.1-32 施工现场图

16. 武汉光谷中心城综合管廊

武汉光谷中心城综合管廊全长 24.47km，工程总投资为 20.3 亿元，是单个立项建设长度全国第三的管廊项目。主干管廊成环布置，主要分布在中心城南北向的光谷四路、光谷五路、清弯路、光谷六路及高科园路，东西向的高新大道、神墩一路、神墩三路、神墩五路及虎山东街等路段，建于道路绿化带下方。综合管廊分为单舱、双舱、三舱三种形式，入廊管线包括高压电力（110kV、220kV）、中压电力（20kV）、通信（电信、移动、联通、有线电视、智慧城市等）、供冷 / 热、给水、再生水管道，并预留垃圾气体管，是目前武汉市在建的规模最大、入廊管线最多的综合管廊工程。相关图见图 12.1-33~图 12.1-36。

图 12.1-33 单舱管廊（电力专用舱）

图 12.1-34 双舱管廊（管道舱 + 电力信息舱）

图 12.1-35　三舱管廊　　　　　　　　　　图 12.1-36　施工现场
（管道舱、电力信息舱、高压电力舱）

17. 武汉武九综合管廊

武汉武九综合管廊主要沿武九铁路北环线布设，项目包括新建 16.24km 地下综合管廊及建设十路 540m 道路。地下综合管廊包括主线和支线两个部分，主线全长约 13.24km，以传统明挖现浇工法施工；支线为德平路支线综合管廊，全长约 3km，起于武九铁路，止于团结大道，需穿越和平大道、友谊大道两条城市主干道，因而采用顶管法暗挖施工，友谊大道顶管全长 61.2m，由 41 环预制管节拼装而成。武九综合管廊入廊管线包括电力、热力、给水、通信等管线，集约高效利用地下空间，彻底解决因管线建设、维修造成道路反复开挖的问题。相关图见图 12.1-37。

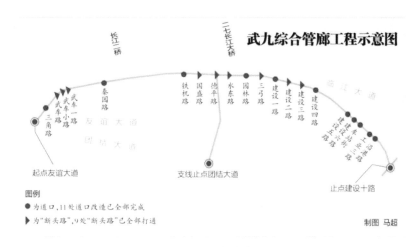

图 12.1-37　武九综合管廊

18. 武汉临空港综合管廊

武汉临空港综合管廊横跨东西湖区七彩路、三店西路、三店大道、径北二路、径吴东路等5条主干道路，总长度9000余米，入廊管线包括电力、通信、燃气、供热、给水排水等各类工程管线。管廊建成后将进一步完善临空港新城中心的城市综合功能、优化道路交通功能，有利于塑造生动和谐的街道建筑群体与系列开敞空间。相关图见图12.1-38、图12.1-39。

（a）

（b）

图 12.1-38　武汉临空港综合管廊

图 12.1-39　管廊项目范围图

19. 武汉新洲"阳逻之心"地下综合管廊

"阳逻之心"地下综合管廊是武汉新洲首条城市地下综合管廊，采用钢筋混凝土结构建造，分布在柴泊大道、七架路、阳靠南路等6条道路下方。地下综合管廊工程全长4.8km，宽约7.5m，高约4.3m，入廊管线包括供水、冷凝水、中水、电力、通信等多种市政管线。出于安全考虑，燃气管道专设，不在管廊内。管廊设置管道舱和电力舱两个舱室，管道舱净宽3.7m，电力舱净宽2.5m。如图12.1-40所示。

图 12.1-40　武汉 "阳逻之心" 地下综合管廊

20. 杭州市钱江世纪城亚运村片区地下综合管廊

钱江世纪城地下综合管廊位于杭州市亚运村片区，全长 21.5km，入廊管线包括燃气、电力、给水、通信等各种管线，是保障亚运村片区运行的重要基础设施和 "生命线"，是目前杭州市最大的、成系统的管廊网。管廊网包括 7 条地下综合管廊，分别为环路、观澜路、飞虹路、丰北路、平澜路、奔竞大道、民祥路地下综合管廊，综合管廊采用分舱设计，分别为 1 个综合舱、2 个高压电力舱和 1 个燃气舱。相关图见图 12.1-41、图 12.1-42。

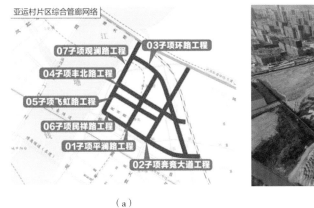

（a）

（b）

图 12.1-41　杭州亚运村综合管廊

（a）　　　　　　　　　　　　　　　（b）

图 12.1-42　综合管廊断面图

21. 成都市 IT 大道地下综合管廊

成都市 IT 大道地下综合管廊位于成都市金牛区、高新西区，建设在成都有轨电车 2 号线下方，全长约 5.7km，是四川目前建成功能最全、复杂性最高、规模最大的地下管廊，其高度达 7.6m，宽为 8.65m，断面面积约 68.25m^2。管廊按照双层五舱的断面标准建设，其中上层分别为燃气舱、综合舱和雨污水舱，下层设有输水舱和高压电力舱。如图 12.1-43 所示。

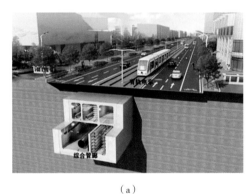

（a）　　　　　　　　　　　　　　　（b）

图 12.1-43　成都市 IT 大道地下综合管廊

22. 黄冈市地下综合管廊

黄冈综合管廊项目位于黄冈市黄州区，包括黄州大道、东门路、明珠大道等6 条主线、1 条支线，入廊管线包括电力、通信、给水、燃气等市政管线，管廊采用明挖与顶管相结合的施工方法。管廊建设过程中将顶管施工技术大面积应用于城区管廊建设，采用了目前全国最大直径的顶管（内径 4m、外径 4.8m）进行施工。如图 12.1-44 所示。

图 12.1-44　黄冈市地下综合管廊现场施工图

23. 黄山市迎宾大道改造及地下综合管廊工程

黄山市迎宾大道改造及地下综合管廊工程项目位于黄山现代服务业产业园内，西起黄山市屯溪国际机场连接线，向东与现状西区二号路相交，终点至屯五转盘，项目投资概算 26032.52 万元，线路全长 3.475km，途经黄山雨润休闲度假区、星雨华府、文创小镇、银河湾、依云红郡和香茗国际会议中心等。综合管廊全长 3.377km，标准断面为 4.2m×8.1m，双舱管廊（燃气为单独舱，其他为综合舱）；以及配套的强电、弱电、给水、预留中水、预留热力等工程。相关图见图 12.1-45、图 12.1-46。

24. 厦门市滨海东大道综合管廊

滨海东大道（溪东路—机场快速路）综合管廊工程位于厦门市翔安区莲河片区，起于溪东路，终于机场快速路，沿滨海东大道敷设，全线长约 4.3km，最大廊道截面超 25m²，总投资 3292 万元。入廊管线包括：220kV 电力缆、110kV 电力缆、10kV 电力缆、通信管道、给水管道、再生水管道等。相关图见图 12.1-47。

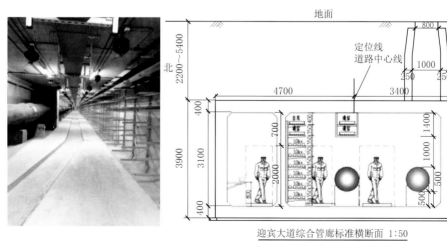

（a）　　　　　　　　　　　　（b）

图 12.1-45　综合管廊断面

图 12.1-46　综合管廊施工现场图

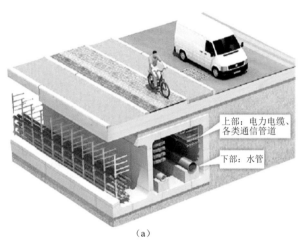

上部：电力电缆、各类通信管道

下部：水管

（a）

（b）

图 12.1-47　滨海东大道综合管廊

25. 孝感市临空经济区城市地下综合管廊

孝感市城市地下综合管廊位于湖北省孝感市临空经济区孝汉大道两侧，总投资7.49亿元，管廊总长约9.9km，为特大型市政工程。管廊主体为现浇钢筋混凝土闭合框架结构，综合管廊平均覆土3.5m左右，管廊结构标准段埋深为7.35~10m，采用明挖法施工。

　　孝感市城市地下综合管廊一期工程根据需求分为单舱、双舱两种断面形式。在孝汉大道东侧，陈天大道至横5路4.006km范围内，综合管廊为单舱断面形式，仅设一个综合舱室，截面尺寸为宽×高=3.40m×3.70m。容纳给水、通信、10kV电力三类市政管线。在孝汉大道西侧，白水湖大道至横5路5.937km范围内，综合管廊为双舱断面形式，设综合舱和燃气舱，截面尺寸为宽×高=5.75m×3.70m。综合舱容纳给水管道、通信和10kV电力管线，燃气舱容纳燃气管道。各舱体内均设有人行检修空间，远期可扩容其他管线。相关图见图12.1-48。

（a）

（b）

（c）

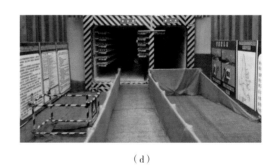

（d）

图 12.1-48　孝感市临空经济区城市地下综合管廊

26. 郑州市郑东新区白沙园区综合管廊

郑东新区白沙园区综合管廊一期工程第二标段北起大吴路，南至中原大道，管廊施工总长度 10.8km，其中主管廊 7.74km，支线管廊 3.06km，综合管廊为三舱结构，分别为电力舱、综合舱及天然气舱，净宽分别为 2.5m、7.2m 及 2.0m。郑东新区白沙园区综合管廊项目为国家级重点项目，属于边勘测、边设计、边施工的"三边工程"，管廊东侧为渠、西侧为路，全线采用大开挖形式。相关图见图 12.1-49、图 12.1-50。

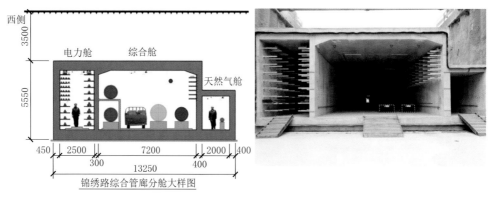

图 12.1-49 郑东新区白沙园区综合管廊

图 12.1-50 郑东新区白沙园区综合管廊施工现场

27. 银川市滨河新区长河大街地下综合管廊

银川市滨河新区长河大街地下综合管廊位于银川滨河新区元通路（景元街至省道 S203 改扩线段）南侧，省道 S203 改扩线（元通路至京河大道段）西侧，呈 L 形。新建地下综合管廊 8.7km，管廊造价为 5.87 亿元，其中长河大街东西段管廊长 4.0km，长河大街南北段管廊长 4.7km，覆土均为 2.5m。

东西段综合管廊断面尺寸为 9.0m×5.1m，分为三个舱室，由北向南分为综合舱、电力舱、燃气舱；南北段综合管廊断面尺寸为 9.4m×5.7m，分为三个舱室，由西向东分为综合舱、电力舱、燃气舱。入廊管线包括供热、给水及中水、110kV电力、通信及燃气管道。相关图见图12.1-51。

（a） （b）

图 12.1-51 银川市滨河新区长河大街地下综合管廊

28. 南昌市九龙湖新城城市综合管廊

九龙湖新城城市综合管廊位于江西省南昌市九龙湖新城，共两条管廊，长约为6.11km，采用明挖现浇混凝土结构，边坡支护采用喷射混凝土加钢筋网，局部挖深较深处为24m。管廊标准段截面尺寸为9.4m×3.5m，包括综合舱、燃气舱、污水舱。一段为三清山大道城市综合管廊，全长2974.3m，二段为新余街道路城市综合管廊，全长3140m。相关图见图12.1-52。

（a） （b）

图 12.1-52 南昌市九龙湖新城城市综合管廊

29. 襄阳市樊西综合管廊

樊西综合管廊一期工程建设在襄阳市卧龙大道下，项目包括一条卧龙大道综合管廊和一座监控中心。其中卧龙大道综合管廊北起仇家沟路，南至乔营变电站，全长6.823km。综合管廊采用两舱断面，分为缆线舱和热力舱，入廊管线包括10kV、110kV电力、通信、热力等管道。相关图见图12.1-53。

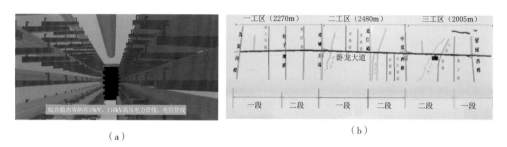

| （a） | （b） |

图 12.1-53　樊西综合管廊

30. 美丽乡村通信微管廊

我国是农业大国，"三农"问题一直是我国各地的核心问题。随着国内各地"美丽乡村"的不断推进，人们开始关注到架空线路对农业生产和农村景观环境的巨大影响，且架空线路抗灾、抗破坏能力低下，运营商易对架空线路问题痛心疾首。中冶管廊根据农村发展的需要，结合国家"三农"政策，研发出适应不同地貌、不同环境的通信微管廊，能够以优异的价格实现架空线落地，解决架空线路的诸多问题。黑龙江省通信微管廊见图12.1-54。

| （a） | （b） |

图 12.1-54　黑龙江省通信微管廊

12.2　钢制综合管廊

衡水市武邑县装配式钢制综合管廊

衡水市武邑县装配式钢制综合管廊试验示范项目为我国第一个钢制管廊项

目，项目建设全长50m，于2016年6月开工建设，2016年8月项目完工，项目管廊截面为管拱形（两舱），管廊断面尺寸为宽×高=6.5m×4.8m，入廊管线包括热力、污水、给水、中水、电力、电讯管道。

2017年7月16日，在试验示范项目的基础上，武邑县装配式钢制管廊EPC项目正式开工，全长1.8km。截至2018年底，已完成大部分主体结构。全部工程项目已于2019年完工。管廊截面采用半拱形，相对于管拱形断面整体受力较弱，但具有无隐蔽工程、无回填掖角、防水施工方便、减少内部施工等优点。

装配式钢制综合管廊成套技术成果率先在项目中应用，降低了工程建设成本，节约了大量土地资源，同时在实施过程中提高了施工速度，降低了管廊基础要求，减少了砂石、混凝土的使用，降低了施工粉尘及噪声污染，带动了相关产业（如钢结构安装与制造、防水、防腐产业等）同步发展（图12.2-1、图12.2-2）。

图 12.2-1　装配式钢制综合管廊

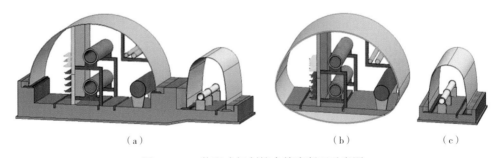

（a）　　　　　　　　　　　　　（b）　　　　（c）

图 12.2-2　装配式钢制综合管廊断面示意图

12.3　顶管盾构综合管廊

1. 西安华清西路综合管廊

西安市华清西路综合管廊为缆线观澜项目，项目建设全长674m，顶管施工，为圆形双舱结构，纳入 10kV、110kV 电力电缆及通信线缆。标准覆土 6m，顶管内径 3.5m，外径 4.2m，总用地面积 2830.8m²。见图 12.3-1~图 12.3-3。

工法选取时考虑到道路红线两侧商铺与居民楼较多，非机车道与人行道宽度不一，地下管线众多，车流量大，最终确定了顶管工法。

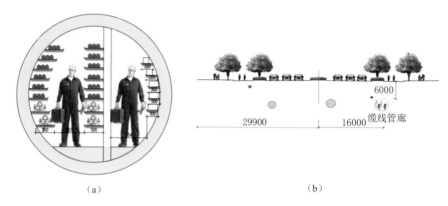

（a）   （b）

图 12.3-1　西安华清西路综合管廊断面

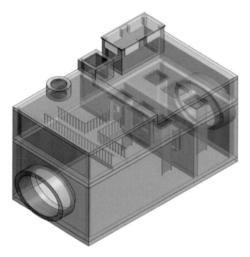

图 12.3-2　西安华清西路综合管廊 BIM 节点　　　　图 12.3-3　西安华清西路综合管廊顶管施工

2. 深圳市综合管廊与地铁 16 号线共建项目

深圳市 16 号线共建管廊项目位于深圳市龙岗区，共建管廊舱室断面主要为 2~3 舱室结构，入廊管线包括电力、通信、给水及再生水，主廊总长约 25.3km。包含三井两区间的施工任务，线路全长 3.56km，区间全部为盾构法施工。其中，综合井 8 至综合井 9 区间线路长 1201.5m，隧道穿越粉质黏土、中粗砂、微风化灰岩（岩溶强发育）地层，局部存在上软下硬、砂层侵入洞身范围等不良地质，施工难度较大。施工中需下穿深圳地铁16号线龙城中路站附属结构、侧穿阳光广场和盛平人行天桥桥桩、上跨深圳地铁16号线龙城中路站至龙平站双线隧道（图12.3-4）。

图 12.3-4　深圳市综合管廊施工现场图

3. 成都成洛大道综合管廊

成洛大道综合管廊工程位于成都市中心城区，与快速路同步实施，是国内首个采用大直径盾构机施工的综合管廊重点工程，西起三环路十陵立交，东止绕城高速，综合管廊全长4437m，采用两台直径9.33m的土压平衡盾构机施工，掘进总里程4200m，布设19个综合井，最大纵坡为3.62%，最大埋深为38m。管廊隧道采用圆形断面，外径9m，内径8.1m，内部由水电信舱、高压电力舱、燃气舱和输水舱四个独立舱室组成，入廊管线包括自来水、燃气、通信、电力、垃圾渗滤液管等，并同步建立环境与设备监控系统、视频安防监控系统、通信系统、火灾自动报警系统（图12.3-5）。

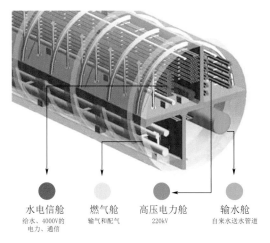

水电信舱	燃气舱	高压电力舱	输水舱
给水、4000V的电力、通信	输气和配气	220kV	自来水送水管道

图 12.3-5　成洛大道综合管廊 BIM 断面

4. 沈阳市南运河综合管廊

沈阳市南运河综合管廊沿南运河敷设，全线采用盾构法施工，起于南京南街，终到善邻路，沿途顺着文艺、砂阳、小河沿和长安路铺设，经南湖、鲁迅、万柳塘和万泉公园，干线全长12.63km，分6个盾构区间实施，设置盾构井7个，中间设置工艺井22个，廊体为双线单圆形式，入廊管线包括电力、通信、给水、再生水管道。如图12.3-6所示。

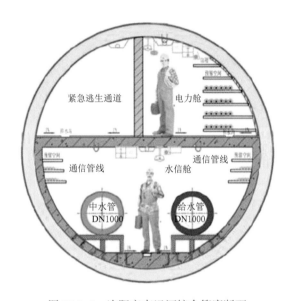

图 12.3-6　沈阳市南运河综合管廊断面

12.4　山地综合管廊

2022年冬奥会延庆赛区外围配套综合管廊工程

2022年冬奥会延庆赛区位于北京市延庆区西北约18km海坨山，覆盖张山营镇西大庄科村及其周边地区。冬奥会综合管廊工程是为保障冬奥会延庆赛区市政能源需求，包括冬奥会造雪用水（206万 m³）、自来水（19万 m³）、电力、电信、有线电视等的重要市政基础设施。

综合管廊全长7.9km，其中主管廊长约6.5km，支管廊长约1.4km。起点佛峪口水库管理处，高程550m，终点赛区新建塘坝处，高程1100m，高差550m，最大坡度15%。总投资约18亿元人民币。入廊管线包括：2根DN800造雪输水管道、2根DN400生活用水输水管道、2根DN300污水应急及再生水排放管道、4条110kV电缆、4条10kV电缆、12孔电信管道、4孔有线电视管道（图12.4-1）。用于赛区造雪水、110kV电力保障、给水及再生水输送。

冬奥会管廊采用超长通风区间，最长机械通风区间达到1.8km，利用舱室互逃减少出地面逃生口的数量，解决了山岭综合管廊出地面设施不易的问题。该项目是国内首条TBM＋钻爆管廊，涉及Ⅰ～Ⅴ类围岩等级，项目开挖洞径10m，埋深10~140m（图12.4-2、图12.4-3）。

图 12.4-1　管廊断面

（a）

（b）

图 12.4-2　TBM＋钻爆管廊施工现场

（a）

（b）

图 12.4-3　项目实施现场

12.5　综合管廊与地下空间协同建设

　　近年来我国地下空间建设迅猛发展，大中型城市的地下空间资源逐步进入到紧缺状态。综合管廊与城市人防、轨道交通、地下道路、地下商业等城市地下空间进行合建，以节省地下空间资源；分摊地下空间土、耗、支成本，能够有效降低项目总体成本，并带来可观的投资回报（图12.5-1~图12.5-3）。

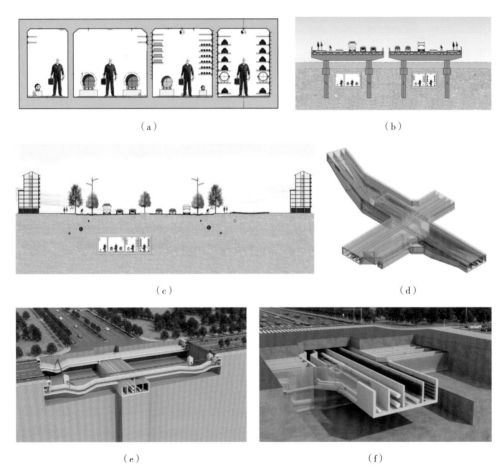

（a）　　　　　　　　　　　（b）

（c）　　　　　　　　　　　（d）

（e）　　　　　　　　　　　（f）

图 12.5-1　雄安新区寨里 B 社区综合管廊（廊、桥共建）

（a）　　　　　　　　　　　　　　　（b）

（c）　　　　　　　　　　　　　　　（d）

图 12.5-2　崇左商务一街综合管廊（与地下商业、休闲、停车空间合建）

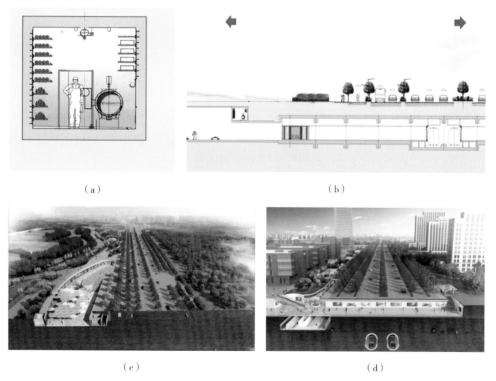

（a）　　　　　　　　　　　　　　　（b）

（c）　　　　　　　　　　　　　　　（d）

图 12.5-3　南京溧水秦淮大道综合管廊（与地下商业、人行空间合建）

12.6 城市更新背景下的小型综合管廊

随着城市更新进程不断迈进，老旧城区的改造和品质提升逐渐走入大众的视野。国务院、住房和城乡建设部等国家主管机关多次强调水、电、气、路等能源介质的提升改造是重中之重。而传统的综合管廊因其体量大、造价高、设备系统复杂往往不能适应此类项目的需要。因此中冶管廊集中力量结合老旧城区的特点研发了适应城市更新的小型综合管廊。

1. 青岛历史街区小型管廊

项目位于青岛市市南区历史风貌保护区西部黄岛路街区的里院建筑群，该项目承担着探索活化里院资源、融入青岛旅游动线、助力中山路商圈复兴等重大任务。包含管线共同沟、道路工程、交通工程、市政管线、道路照明及绿化景观等领域，将黄岛路片区打造为传承青岛历史文化风貌的慢行街区、注入时尚活力的商业弹性街区、融合现代审美需求的智慧休闲街区（图12.6-1）。

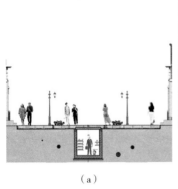 

（a）　　　　　　　　　　　　　（b）

图 12.6-1　青岛历史街区小型管廊

项目包含4条管廊，共计574m。入廊管线包括：给水管线、热力管线、10kV电力电缆、6孔通信电缆（图12.6-2）。青岛市市南区历史城区保护发展局投资建设，总投资1614.42万元。

项目主要创新及优势：零覆土、浅开挖、低影响的管线共同沟在历史老城区首次试点应用；运用国际先进的管线分支合并技术，统筹集约了有限的地下空间；采用BIM全过程正向设计，开创了首次中冶管廊老城区管线共同沟产品在实际工程中的应用（图12.6-3）。

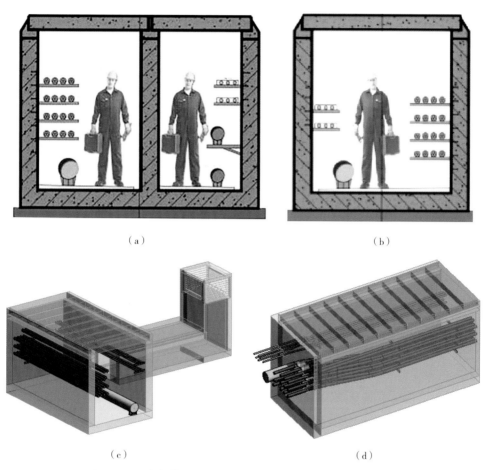

（a）　　　　　　　　　　　　　　　（b）

（c）　　　　　　　　　　　　　　　（d）

图 12.6-2　青岛黄岛路片区博山路、黄岛路小型综合管廊

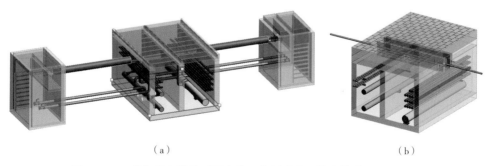

（a）　　　　　　　　　　　　　　　（b）

图 12.6-3　青岛黄岛路片区平度路、芝罘路小型综合管廊（零覆土）

2. 南京小西湖街巷微型管廊

小西湖片区坐落在南京老城南门东地区，毗邻夫子庙、门东历史街区，占地 4.69 万 m²。区域内街巷蜿蜒、悠长，无规则延伸，串联的两侧建筑是典型的江南民居式建筑风格。小西湖片区作为历史风貌区，也是一个棚户区，基础设施陈

旧落后，导致居民生活极为不便。片区基础设施改造项目在国内率先尝试敷设地下微型综合管廊，安全系数高、维护成本低，探索了老城历史文化风貌区市政基础设施微改造的"新模式"（图 12.6-4）。微型综合管廊将 7~8 种市政管线有序下地，在保障居民正常生活及安全出行前提下，实现雨污分流，改变了积淹水状况，提升消防安全，完善城市功能，提升城市品质，提高片区居民的生活质量。微型管廊总长度 1.2km，单公里工程造价 3000 万元，由南京历史城区保护建设集团有限责任公司建设运营。

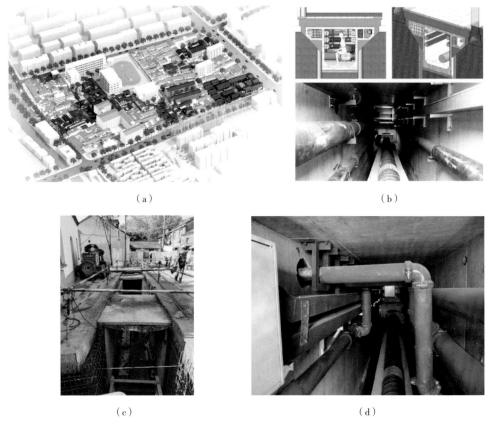

（a）

（b）

（c）

（d）

图 12.6-4　南京小西湖街巷微型管廊

3. 深圳大梅沙盐田坳小型管廊

深圳大梅沙盐田坳综合管廊于 2007 年由深圳盐田区城市管理局出资建设，2008 年建成后一直由建设方出资委托深圳市永利实业发展有限公司进行综合管廊的养护，管线单位无须支付入廊费用，仅负责自有管线的日常维护保养工作。泄漏报警器的维护保养等工作也由养护单位（深圳市永利实业发展有限公司）

负责。

综合管廊穿越山体而建，长2.68km，高2.85m，宽2.4m，中间维修便道宽约1.0m，整体呈拱形，中间无防火隔断，没有泄压口，管廊两端各有一个人员出入口。综合管廊两端设有专人看守，其中一端设有监控室，对综合管廊内的天然气泄漏报警器的运行情况实时监控，同时天然气泄漏报警器的运行情况也远传至天然气集团调度中心。综合管廊内有通信、给水、污水、天然气管线，但由于通信信号受屏蔽，实际进入综合管廊的只有给水、污水、天然气管道（图12.6-5、图12.6-6）。

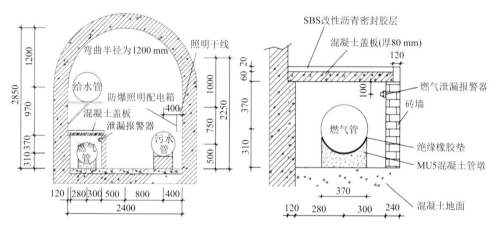

图12.6-5　深圳大梅沙盐田坳小型管廊截面图

图12.6-6　深圳大梅沙盐田坳小型管廊

4. 西安小型缆线管廊

汉都新苑规划路小型缆线管廊位于西安市汉长安城国家大遗址保护特区，南起北三环北辅道，北至开发大道，道路设计长度482.29m，红线宽度20m。道路沿线与北三环北辅道和开发大道两条道路相交，均为平面丁字交叉。道路两侧为开发中的汉都新苑小区，该小型管廊的建设对于遗址保护区的景观保护有显著意义，为片区复兴提供助力。管廊长 482.7m，净断面尺寸宽 × 高 =1.5m × 1.8m，总投资 1513.35 万元，由西安市地下综合管廊投资管理有限责任公司投资（图 12.6-7）。

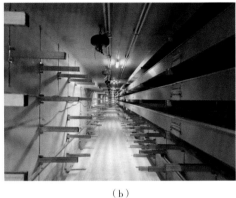

（a）   （b）

图 12.6-7　西安市汉都新苑规划路小型缆线管廊

西安华清西路小型缆线管廊位于西安市未央区华清西路（长缨西路—华清立交西口），采用非开挖顶管工艺实施管廊，不影响道路交通，不干扰居民生活。建设范围内涉及西安火车站站改以及老城区，既要与周边工程做好衔接配合，提升火车站周边区域景观水平，也要降低老城区施工对居民生活造成的影响。管廊长 567.48m，断面尺寸 DN3500，总投资 8160.52 万元，由西安市地下综合管廊投资管理有限责任公司投资（图 12.6-8）。

（a）   （b）

图 12.6-8　西安市华清西路小型缆线管廊

西安市尚贤路东侧规划二路管廊实施范围为南起尚新路南侧规划路，北至郑西铁路南侧规划路，西起尚贤路。该段管廊的修建不仅是片区缆线落地，新开发地块通电的重要通路，也是连接尚新路南侧规划路综合管廊，使管廊系统成网成片的重要一环。综合管廊与小型管廊的系统连接，现浇段与顶管段相结合，低成本和低影响开发有机融合。管廊长1039.84m，净断面尺寸明挖现浇段为1.8m×3.0m；顶管段DN2600，总投资4359.42万元，由西安市地下综合管廊投资管理有限责任公司投资（图12.6-9、图12.6-10）。

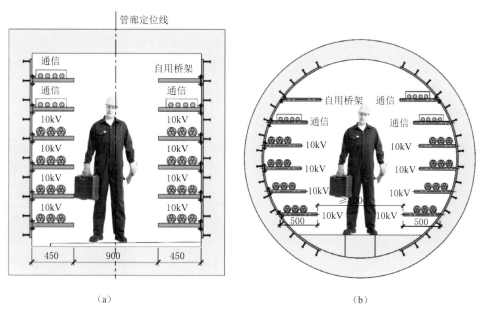

（a）　　　　　　　　　（b）

图12.6-9　西安市尚贤路东侧规划二路管廊截面

（a）　　　　　　　　　（b）

图12.6-10　西安市尚贤路东侧规划二路管廊

5. 山西平遥古城小型管廊

平遥古城位于山西省平遥县，1986 年被列为国家历史文化名城，1997 年被联合国教科文组织列入世界文化遗产名录，平遥古城常住人口约 4.5 万人。平遥古城基础设施提升项目对古城地下空间的集约化利用和保持古城风貌有极大的意义。项目包含古城内 30.22km 综合管廊工程及综合管廊所在道路同步改造的燃气管线工程、排水管线工程、给水工程和道路改造恢复工程，同时包括城外电力通道工程。总投资 129200.29 万元。项目采用 PPP 运作模式，由企业全额垫资修建并移交，竣工验收合格，并经审计结算后，由政府按一定利息偿还给企业工程建设价款。

古城内的小型管廊主要创新优势有以下几点：通过物联网技术，将管廊监控中心移至城外远程监控；采用新材料、新工艺、新设备减小管线间安全距离；局部采用微型顶管技术，避免基坑开挖（图 12.6-11、图 12.6-12）。

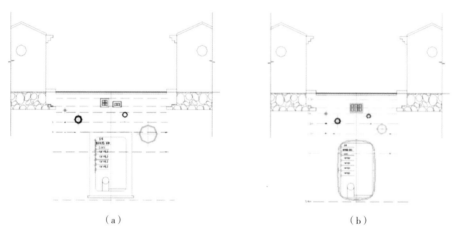

（a）　　　　　　　　　　　　　　　（b）

图 12.6-11　山西平遥古城小型管廊断面

（a）　　　　　　　　　　　　　　　（b）

图 12.6-12　山西平遥古城小型管廊

6. 香山革命纪念馆周边小型管廊

香山革命纪念馆周边缆线管廊是北京市首个小型综合管廊（纳入电力电缆和通信线缆，并预留了非传统的路灯、公安交管、充电桩等管线纳入的条件）项目。项目全长约800m，包含香泉南路小型综合管廊全长591.4m，杰王府西路小型综合管廊全长298.2m。于2019年5月开工建设，并于2019年8月建成投入使用。该管廊采用了预制拼装施工工法，建设过程中实现了不影响旅游高峰时节游客通行的苛刻要求，成功保障了香山革命纪念馆红色教育基地于2019年9月13日正式向公众开放的要求（图12.6-13）。

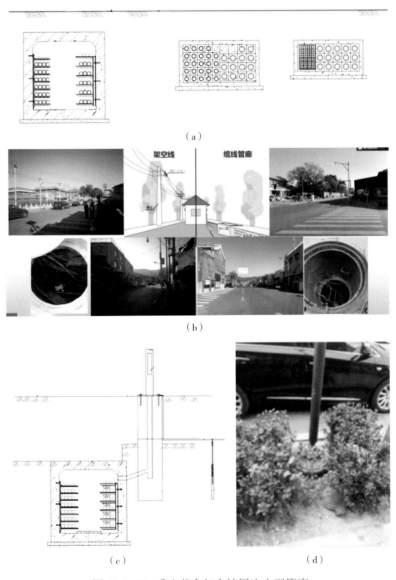

图 12.6-13　香山革命纪念馆周边小型管廊

12.7　综合管廊智慧运维

1. 北京大兴国际机场临空经济区规划建设信息平台

应用BIM+GIS技术实现线下物理空间在线上的数字孪生，形成"一张蓝图干到底"的城市数字化底板。平台于2019年6月建成投用。

平台基于BIM总图解决实现多规合一协同管控，有助于解决"多头管控，规划'打架'"难题；实现临空经济区全生命周期的数据管理，二三维融合呈现；实现了地下管线透明化管控，打通了规划、建设、产业招商、运营管理的数据壁垒。解决了多源异构数据的集成融合、二三维互动应用、基于三维场景平台的GIS功能开发等技术难题。推动临空经济区数据管理规范化、透明化，助力智慧城市建设、促进城市科学精细管理；提高了数据检索和信息传递效率（图12.7–1）。

图 12.7–1　北京大兴国际机场临空经济区规划建设信息平台

2. 云南滇中新区智慧管廊项目

云南滇中新区智慧管廊项目为落地实施的国内首个智慧管廊项目，该项目入选住房和城乡建设部"2017年科学技术示范工程（信息化类）"，作为国内第一个智慧管廊示范项目在全国进行示范推广，成为云南省的亮点工程和国内智慧管廊标杆工程。其中面向城市规模的综合管廊分布式多级管控架构、综合管廊智慧化建设评价模型与评价体系、综合管廊物联网平台、综合管廊边缘计算网关、综合管廊GIS+BIM全生命周期数据传导与轻量化应用、综合管廊多类别智能装备的集散式管控模块等多项技术成果均为行业首创（图12.7–2）。

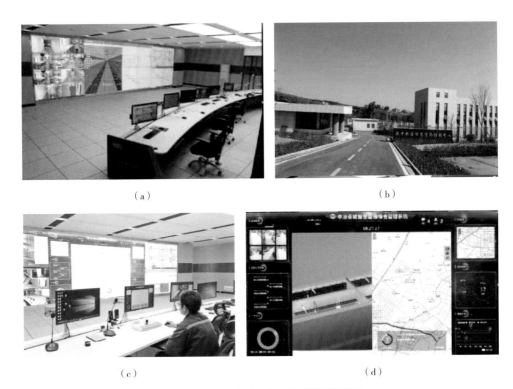

（a） （b）

（c） （d）

图 12.7-2　云南滇中新区智慧管廊项目

3. 西安市地下综合管廊智慧化统一管理平台

西安市地下综合管廊智慧化统一管理平台的主要功能包括对综合管廊的运行情况进行集中监控，对各监控与报警子系统的数据进行汇总、存储、计算、处理等。2021年万众瞩目的第十四届全国运动会在西安举办，柳新路、向东路综合管廊是保障全运会能源供应的重要市政基础设施，其入廊燃气管线承担了为会场主火炬提供安全稳定的燃气燃料的重任，智慧化统一管理平台保障了全运会期间综合管廊的安全运行（图12.7-3）。

4. 衡水市武邑县智慧管廊系统

武邑县地下综合管廊工程为装配式波纹钢结构综合管廊试验示范项目，是全国首条钢制综合管廊。管廊配备了完善的附属设施系统，并设置了智慧化的综合管廊统一管理平台及相应的计算、存储、网络设备。其中环境与设备监控系统首次采用了国产PLC和上位软件，向综合管廊监控与报警系统的全国产之路迈出了第一步，为国产工控产品的使用积累了宝贵的经验（图12.7-4）。

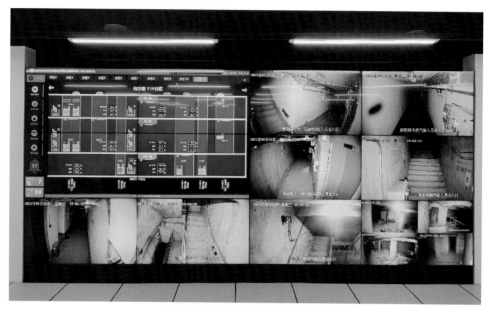

图 12.7-3　西安市地下综合管廊智慧化统一管理平台

图 12.7-4　衡水市武邑县智慧管廊系统

5. 厦门市综合管廊运维

厦门市是我国较早开始建设综合管廊的城市，主要原因是厦门市每年遭受台风等自然灾害频率高，管线遭受损失大，综合管廊是解决城市承载力、地下管线安全问题的有力举措，是厦门市谋求城市新发展的必然选择。

截至 2022 年年中，厦门市目前在建干支线综合管廊约 110km，现已建成干支线综合管廊 100km，缆线管廊 740km，根据《厦门市地下综合管廊专项规划》《缆线管廊近期建设规划》，远期规划建设干支线管廊 340km，缆线管廊 740km。

为推动综合管廊的建设，厦门市制定了完备的制度体系，如图12.7-5所示，于2011年出台《厦门市城市综合管廊管理办法》，明确提出管线强制入廊制度，要求严格入廊管理。2017年7月，厦门市市政园林局出台的《厦门经济特区城市地下综合管廊管理办法》明确提出：凡已在管廊内预留管线位置的区域，各管线必须统一进入地下综合管廊，在管廊以外新建管线的规划、建设、道路等主管部门不予审批。

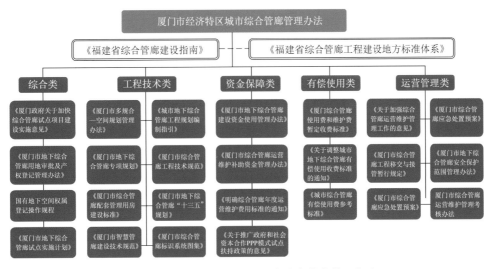

图 12.7-5　厦门市经济特区城市综合管廊管理办法

厦门市现已投用综合管廊区域均实现管线入廊，全市入廊管线总长度超过1100km。在推动管线入廊方面，高效地推动入廊协调机制，于2016年出台《关于加强城市地下综合管廊管线入廊工作的意见》，通过各行政主管部门横向联通、上下联动、协同监管，保障了管线入廊工作的顺利推进。

在管廊运营维护管理方面，厦门市市政园林局相继出台了《厦门市综合管廊运营维护补助资金管理办法》《厦门市综合管廊运营维护绩效指标与考核办法》以及《关于明确地下综合管廊年度运营维护费用标准的通知》，通过测算运营维护费，修订补助办法，保障管廊运营维护资金补助的科学性，提高运营维护补助资金的使用效益。

厦门市在国内率先实行综合管廊企业化运营管理，于2014年成立厦门市政管廊投资管理有限公司，专门负责综合管廊投融资、建设和运营，并自主研发了综合管廊管理平台，实现了管廊的智慧化管控（图12.7-6）。

图 12.7-6　厦门市综合管廊管理平台

厦门市综合管廊通过政府扶持、企业运作的管理模式，完备的管理制度体系和专业的运维管理，实现了综合管廊的成功运维。

6．云南省昭通市综合管廊运维

昭通市昭阳区地下综合管廊工程（一期）PPP 项目建设内容包含敦煌路干线管廊 4.92km、国学路支线管廊 2.51km、敦煌路道路市政绿化和 1 座管廊控制中心，项目总投资 8.97 亿。项目采用"BOT+EPCO"的投融建管营模式实施，由昭通市城市建设投资开发有限公司、中冶京诚工程技术有限公司和五矿证券三方签订 PPP 项目合作协议，成立昭通管廊建设发展有限公司，负责管廊建设、运营和移交，运营期 19 年。昭通管廊建设发展有限公司引入运营团队，编制运维手册，建立应急预案等各项运营制度，目前已实现规范化运营（图 12.7-7、图 12.7-8）。

2022 年 1 月，昭阳区发改委发布综合管廊有偿使用收费标准，坚持先签订管线入廊协议，再办理入廊手续为原则，目前已成功签订入廊协议 1064.86 万，收取入廊费 532.43 万，运营维护费 11.02 万。

昭通管廊的运维经验有以下几个重点：

（1）重视前期运营管理：设计阶段运营管理—施工阶段运营管理—竣工阶段运营管理。管廊建设初衷是为了更好投运。管廊建设阶段就要从管廊运营管理、安全、成本、高效及实用角度考虑，设计阶段从运维的维度充分优化管廊结构、监控、安防、消防、通信等系统方案，并适度预留未来可发展的扩展空间；施工阶段考虑设备品牌选型、过程运营移交验收、前后端设备之间以及与管理平台的兼容、设备备品备件和售后服务等。

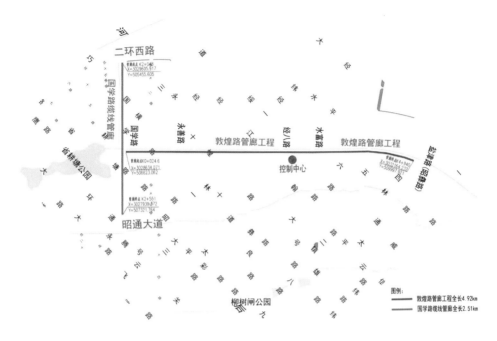

图 12.7-7　昭通昭阳（一期）管廊项目

图 12.7-8　昭通管廊监控中心

（2）建立从设计、施工、收费到入廊各阶段全程与管线单位（用户）对接的机制。充分征询管线单位对管线入廊种类、数量、时间和出入口的意见以及现有管线直埋现状，使管廊设计方案和施工措施更具有针对性和适用性，真正符合用户真实需求；编制收费标准时与管线单位充分调研和沟通，在保证管廊安全运行的前提下，收费标准既要满足管廊运行的成本，又要减轻和平衡各管线单位之间经济负担，最终发布的收费标准才具有合理性、公正性、科学性和可操作性。

（3）发挥政府主导性，依靠政府政策，推动管线入廊。管廊作为公共物品，提供公共服务。管廊建成后属于国有资产，避免国有资产闲置，管线入廊要得到主管部门及政府支持，发挥政府主导性和能动性。可以通过组织召开入廊宣传会和协调会，引导管线入廊；通过严把规划许可关、建设许可关、开挖许可关，强制管线入廊。

13 经济技术指标

13.1 综合管廊项目投资指标

为贯彻落实国务院办公厅《关于加强城市地下管线建设管理的指导意见》，住房和城乡建设部组织制定了《城市综合管廊工程投资估算指标》ZYA1-12（10）—2015（试行）（以下简称《指标》）。《指标》的制定发布对合理确定和控制城市综合管廊工程投资，满足城市综合管廊工程编制项目建议书和可行性研究报告投资估算的需要起到积极作用。为加快管廊工程建设，满足计价需要，住房和城乡建设部于2017年编制了《城市地下综合管廊消耗量定额》，各省市陆续发布了相应的管廊消耗量定额。为深入落实京津冀协同发展战略，稳步推进京津冀工程计价体系一体化工作，助力京津冀区域建筑市场的深度融合，京津冀三地建设行政部门共同组织编制了《〈京津冀建设工程计价依据——预算消耗量定额〉城市地下综合管廊工程》，自2020年起执行。

项目所在地在没有管廊消耗量定额的情况下，主体工程可执行市政工程计价定额、部分子目可参照建筑工程计价定额，涉铁项目可执行铁路定额，涉洪项目可执行水利定额，涉轨道项目可执行轨道交通定额，综合管廊的附属设施工程（消防、通风、供电、照明、监控与报警、排水、标识等系统）可执行安装工程计价定额。入廊管线给水、排水、中水、燃气、热力管道执行市政工程计价定额，分变配电所、电力电缆、通信线缆可执行电力、通信专业定额。

结合综合管廊区域建设特点，对部分典型管廊项目进行汇总，见表13.1-1。

项目均以国家标准《城市综合管廊工程技术规范》GB 50838—2015、相关的工程设计标准、工程造价计价办法、有关定额指标为依据，结合有代表性的城市综合管廊工程的相关资料进行汇总。适用于新建的城市综合管廊工程项目，改建、扩建的项目可参考使用，可作为城市综合管廊工程前期编制投资估算、多方案比选和优化设计的参考依据，是项目决策阶段评价投资可行性、分析投资效益的主要经济指标。

新建综合管廊工程在估算投资时，首先应明确工作界面区分的目的在于明确建设主体和划分投资界面，也便于入廊管线单位和综合管廊运营单位的权责划分。切分点之一为管廊与道路的界面，之二是入廊管线与道路管线的分界点。

管廊工程与道路工程可以建设时序以道路设计标高为界，也可以道路底基层或基层为界，避免拆除与恢复。入廊管线与道路管线合理的分界点为检查井或阀门井。

综合管廊工程包括管廊本体和入廊管线两部分，管廊本体包括管廊的建筑工程、供电照明、通风、排水、自动化仪表、通信、监控及报警、消防等辅助设施。入廊管线通过支管廊或保护管引至路旁的阀门井、电缆井。排水管线从路旁、路上的检查井引至管廊，阀门井、检查井、电缆井属于管廊本体工程范围。电力、通信管线的支架通常由管廊工程施工，属于管廊本体工程内容。管线支架则根据支架形式确定管线工程施工主体。

日本、新加坡等对综合管廊规划建设时机的选择进行了规定，综合管廊均与重大市政基础设施同期建设实施。这样可以保证地下空间的综合利用，减少因不同期建设带来的相互干扰影响，同时又可以减少协调难度，降低工程总造价。此外，与综合管廊同期建设的重大市政基础设施工程的建设方应同时将综合管廊一起建设完成，这样既可以更好地统筹协调项目建设，也可以减少不同项目施工带来的管理成本。统一建设主体有利于节省造价，整合职能，加强管廊管线规划建设统筹协调。

由于综合管廊主要是依附于道路存在并设置于道路下方，因此道路管理部门无论是在管线或是综合管廊的规划建设过程中均发挥重要作用。日本综合管廊的管理主体均有道路管理部门参与，这在很大程度上可以对管线和管廊规划建设进行统筹，有利于从行政手段上提高管线入廊率，同时进行建设运营费用回收。建议研究设立综合管理协调常设机构或建立联合办公机制，提高信息互通水平，真正实现联合管控，从源头上强制管廊实施地区的管线入廊，同时也利用行政手段让有偿使用费交纳情况与在其他区域管线施工挖掘道路申请挂钩，从根本上提高管线单位入廊积极性。

表 13.1-1　综合管廊投资指标汇总

序号	舱数	项目	长度(m)	复杂程度	工程费用(万元/km)	项目简介	区域	平均单舱单公里费用[万元/(舱·km)]
1	单舱	典型管廊 1-A	574	复杂	14217	全程 φ2.6m 顶管 575m，4 个工作井兼节点，采用灌注桩（h=19.4m, φ1000mm）+钢/混凝土支撑支护；顶管洞口处用双重管高压旋喷桩（h=14m, φ800mm）对居民楼基础加固	西安	5239
2		典型管廊 1-B	3089	一般	5923	全长 3087m，主体结构 2m×2.5m，有附属设施，局部基底密压注浆加固		
3		典型管廊 1-C	1040	简单	4192	全长 1040m φ2.6m 顶管，主体结构 1.8m×2m，有附属设施，放坡开挖为主，局部		
4		典型管廊 1-D	383	更简单	2374	全长 383m，主体结构 1.5m×1.8m，无附属设施，放坡开挖，有砂石换填，有外购土方		
		小计				西安区域单舱管廊 Max.14217 万元/km, Min.2374 万元/km, Aver.5239 万元/km		
5	单舱	典型管廊 1-E	1568	一般	5734	断面相对较大	崇左	4936
6		典型管廊 1-F	557	一般	4256			
7		典型管廊 1-G	550	一般	4310			
8		典型管廊 1-H	1507	一般	3751			
9		典型管廊 1-I	2680	一般	6202	断面相对较大		
10		典型管廊 1-J	580	一般	4085	存在与地下空间共构形式		
11		典型管廊 1-K	1786	一般	4379			

续表

序号	舱数	项目	复杂程度	长度(m)	工程费用（万元/km）	项目简介	区域	平均单舱单公里费用[万元/(舱·km)]
		小计				崇左区域单舱管廊 Max.6202 万元/km，Min.3751 万元/km，Aver.4936 万元/km		
12	单舱	典型管廊 1-L	较复杂	2510	6239	红线外绿化带下，交叉节点灌注桩+一道混凝土水平对撑，坑外设置三轴搅拌桩止水帷幕止水。普通段/下沉段为钢板桩+一道/两道水平钢对撑，排水沟加疏干井降排水。有碎石换填处理	昭通	6239
		小计				昭通区域单舱管廊 Max.6239 万元/km，Min.6239 万元/km，Aver.6239 万元/km		
13	单舱	典型管廊 1-M	简单	183	2130	断面较小，覆土较浅	青岛	2179
14		典型管廊 1-N	简单	52	2353	断面较小，覆土较浅		
		小计				山东青岛区域单舱共同沟 Aver.2179 万元/km		
15	双舱	典型管廊 2-A	较复杂	2762	8855	包括电缆隧道与支管廊与变电所，地质条件较好，放坡土钉支护，局部土钉+锚杆。支管廊与电缆隧道长度不含在总长度内	北京	4428
		小计				北京区域双舱管廊 8855 万元/km		
16	双舱	典型管廊 2-B	复杂	2209	12109	南侧红线外 15m 宽绿化带内。三处交叉节点，一处下沉节点。涉及架空电缆保护迁改。运距 28km。支护形式：标准段采用放开挖+土钉支护，局部增加锚杆；特殊段采用拉森钢板桩及钢支撑的支护形式。管廊穿越全惠谷渠采用明挖导坑支护，完成后原状恢复。湿陷性黄土场地，地基处理 3：7 灰土换填。回填：2：8灰土、1：7水泥土、素土	西安	6055
		小计				西安区域双舱管廊 12109 万元/km		

续表

序号	舱数	项目	长度(m)	复杂程度	工程费用（万元/km）	项目简介	区域	平均单舱单公里费用[万元/（舱·km）]
17	三舱	典型管廊3-A	4917	较复杂	9060	红线外绿化带下，现存建筑较多，钢板桩+一道/两道水平钢对撑。交叉节点灌注桩+一道混凝土水平对撑，坑外设置三轴搅拌桩止水帷幕靠止水。有碎石换填处理。	昭通	3020
		小计				昭通区域三舱管廊9060万元/km		
18	三舱	典型管廊3-B	612	一般	19678	支护形式：800mm/1000mm混凝土灌注桩+一道钢支撑，开挖深度为9.8~12.0m，部分路段受悬基坑限水。地基处理：3：7灰土。回填土，2：8灰土回填至管廊顶板以上1m，人工夯实，其余素土回填。	西安	5116
19		典型管廊3-C	600	一般	11800	支护形式：喷浆+土钉+锚杆，开挖深度8.1~9.6m，局部开挖深度12.3~13.4m，不考虑基坑降水。地基处理：3：7灰土。回填土，素土回填		
20		典型管廊3-D	731	一般	14369	道路北侧机动车道及分隔带下，支护形式：放坡开挖+土钉支护，开挖深度约6.0~10.0m，部分段为灌注桩+内支撑，开挖深度9.0~15.5m，基坑水明排。地基处理：3：7灰土。回填土，素土回填		
21		典型管廊3-E	1981	一般	13695	支护形式：标准段基坑采用放坡+挂网喷混凝土，局部采用灌注桩+内撑支护。地基处理：3：7灰土。回填土，2：8灰土。素土回填		
22		典型管廊3-F	1180	一般	18294	道路西侧机动车道，非机动车道及桥台下，与咸铜铁路交叉，管廊分舱从东西两侧穿越现状铁路箱涵。支护形式：1.标准段采用双侧钢筋混凝土灌注桩加一层钢水平对撑的支护形式；2.过咸铜铁路段基坑非穿越桥台部分采用双侧钢筋混凝土灌注桩加一层钢水平对撑加单侧钢筋混凝土灌注桩的支护形式。地基处理：3：7灰土。回填土，2：8灰土。素土回填		
		小计				西安区域三舱管廊Max.19678万元/km，Min.11800万元/km，Aver.15349万元/km		

续表

序号	舱数	项目	长度 (m)	复杂程度	工程费用（万元/km）	项目简介	区域	平均单舱单公里费用 [万元/(舱·km)]
23	四舱	典型管廊 4-A	515	一般	13371	支护形式：放坡开挖＋土钉支护，开挖深度在 7.0~10.0m，局部开挖深度 15.5m。地基处理：3：7 灰土。回填：素土回填	西安	3343
		小计				西安区域四舱管廊 13371 万元/km		
24	五舱	典型管廊 5-A	1522	一般	15337	支护形式：放坡开挖，北侧土钉支护，南侧喷锚挂网防护，开挖深度约 7.0m，局部开挖深度 9.5m~10.0m。地基处理：3：7 灰土。回填：2：8 灰土，素土回填	西安	3624
25		典型管廊 5-B	4521	一般	19059	有两处交叉节点，两个支管廊。支护形式：1. 标准段西侧采用混凝土悬臂桩进行支护，东侧采用放坡开挖；2. 各路口交汇段采用混凝土灌注桩＋内支撑进行支护。3. 与拟建地铁交汇段采用钢板桩＋内支撑开挖。特殊段：1. 顶管段 270m，内径 3.5m 的混凝土圆管，覆土 10m；2. 暗挖段 146.6m，过路支管廊（2.6m×2.7m）（无过路分支口）。地基处理：3：7 灰土。回填：2：8 灰土，素土回填		
		小计				西安区域三舱管廊 Max.19059 万元/km，Min.15337 万元/km，Aver.18122 万元/km		

注：表中 Max. 为最高单价，Min. 为最低单价，Aver. 为平均单价。

13.2　综合管廊项目技术经济指标

建设经济评价是项目决策的重要依据，对于提高建设项目决策的科学化水平，引导和促进各类资源的合理有效配置，优化投资结构，充分发挥投资效益具有重要作用。

项目前期研究是在投资决策前，对备选方案的工艺技术、运行条件、环境与社会等方面进行全面的论证和评价工作，经济评价是其中的重要内容和有机组成部分。经济评价是基于资金时间价值的原理，决策者不能只通过一种指标就判断项目在财务上或经济上是否可行，而应同时考虑多种影响因素和多个目标的选择，并把这些影响和目标相互协调起来，才能实现项目系统优化，进行最终决策。

经济评价包括财务评价和经济分析。财务评价是在国家现行财税制度和价格体系的前提下，从项目的角度出发，计算项目范围内的财务效益和费用，分析项目的盈利能力和清偿能力，评价项目在财务上的可行性。经济分析是在合理配置社会资源的前提下，分析项目的经济效率、效果和对社会的影响，评价项目在宏观经济上的合理性。

非经营性项目，主要分析项目的财务生存能力，主要指标包括项目投资内部收益率和财务净现值、项目资本金财务内部收益率、投资回收期、总投资收益率、项目资本金收益率等。其中，财务内部收益率大于或等于基准收益率时，项目方案在财务上可考虑接受。按照设定的折现率计算的财务净现值大于或等于零时，项目方案在财务上可考虑接受。而投资回收期短，表明项目投资回收快，抗风险能力强。对于营业收入较低的项目，应合理估算项目运营期间各年所需的政府补贴数额，并分析政府补贴的可能性和支付能力。

综合管廊技术经济指标根据项目的地域特点、项目类型、建设内容有所区别，与当地GDP、税收优惠政策的动态变化有关。典型项目云南某管廊、西安某管廊的技术经济评价指标为：

（1）云南昭通某管廊项目包括：2条综合管廊系统主体工程及管廊附属设施（消防、电气、通风、排水及监控等）工程和一座控制中心。项目总投资为91269.12万元，其中建设工程费为69710.62万元，工程建设其他费用为11728.07万元，工程预备费为3873.10万元，建设期利息5957.33万元。项目采用PPP模式建设，按云南省国家开发银行贷款利率4.9%。根据项目资金需求计划筹划工程的资金筹措计划，本工程由政府和社会资本共同投资建设，资本金占总投资比例为25%。

项目收入来源主要为：管线单位交纳的管廊使用费、运营维护费和可行性补助，按照《昭阳区地下综合管廊有偿使用（试行）收费标准》执行收费。项目费用主要为：经营成本（运营期间发生的经营成本主要有人员工资及福利、外购燃料及动力费、公共设施维护费和管理费）、设备更新费用、折旧费和财务费用。项目建设期3年，计算运营期19年，基准折现率为 $i=6\%$（表13.2-1）。

表 13.2-1　昭通市某管廊评价指标汇总表

	项目建设投资内部收益率（税前）=	7.00	%
	项目建设投资内部收益率（税后）=	6.29	%
评价指标	项目投资净现值（所得税前）=	6653.2	万元
	项目投资净现值（所得税后）=	1840.1	万元
	投资回收期（所得税前）=	13.11	年
	投资回收期（所得税后）=	13.68	年

（2）西安市某缆线管廊建设项目，缆线管廊全长3.55km，双舱断面，110kV电力电缆与10kV电力电缆、通信电缆分舱布置，缆线管廊净空宽为3.75m，净高3.3m。缆线管廊布置在道路东侧人行道及非机动车道下方，包括管廊的土建工程（含土石方工程、结构工程和支护工程），以及管廊内电气、监控、通风、消防、排水等附属设施的工程费用。项目工程总投资为2.76亿元，其中工程费用2.27亿元。管廊项目和给水工程建设时序紧密，项目资金来源由所在区财政筹措。项目建设期一年，自2019年开始建设，无贷款。

本项目收入来源为：管线单位交纳的管廊使用费和运营维护费，按照《西安市地下综合管廊有偿使用收费管理实施意见》执行收费。项目费用主要为：经营成本（运营期间发生的经营成本主要有人员工资及福利、外购燃料及动力费、公共设施维护费和管理费）、设备更新费用、折旧费和财务费用。建设期为1年，项目测算运营期为30年。基准折现率为 $i=6\%$（表13.2-2）。

表 13.2-2　西安市某缆线管廊评价指标汇总表

	项目建设投资内部收益率（税前）=	6.67	%
	项目建设投资内部收益率（税后）=	6.06	%
评价指标	项目投资净现值（所得税前）=	2388.53	万元
	项目投资净现值（所得税后）=	210.24	万元
	投资回收期（所得税前）=	14.86	年
	投资回收期（所得税后）=	15.92	年

13.3　综合管廊全生命周期

1. 全生命周期简介

全生命周期的管理模式是将整个工程独立的各个阶段的工作进行集成统一，

协调管控。全生命周期管理包括开发管理、建设设计施工阶段的项目管理以及项目竣工验收后运维过程的设施管理，不同阶段间的管理内容有着紧密相关的联系。

全生命周期成本是指一个项目自策划、发展至结束整个过程中所投入和付出的全部资源代价。项目的全生命周期成本按成本的类型可分为全生命周期资金成本、全生命周期社会成本、全生命周期环境成本。

全生命周期资金成本是指在项目全生命过程中所发生的全部可直接体现为资金耗费的投入总和，全生命周期资金成本包括投资建设成本和运营使用成本。全生命周期社会成本是指建设项目从前期决策、设计、施工再到建成投入运营直至项目报废全过程中对社会所产生的负面经济影响。项目中的社会成本由于一般不直接以资金形式体现而往往容易被忽略，属于隐形成本。工程项目建设对周围环境既有积极的影响，也有消极的影响。全生命周期环境成本是指在工程项目的整个生命周期过程内对环境造成的潜在不利影响，包括环境资源消耗费用、维护环境质量水平的费用和环境损失成本管理的环境成本。

2. 综合管廊全生命周期经济评价

从建设管廊地区的经济整体利益的角度出发，全面分析项目投资的经济效率以及项目为提高社会福利所做出的贡献，评价项目的经济合理性，分析各利益相关者为项目付出的代价及获得的收益，为综合管廊项目经济评价提供一定指导，为地方政府建设管廊项目提供参考和决策依据。

城市综合管廊生命周期主要包括：研究决策、设计、发承包、建造以及运营维护等阶段，全生命周期成本不仅包括经济成本，还包括环境成本和社会成本；全生命周期的效益也包括经济效益、环境效益和社会效益，既考虑后期运营者的经济效益，又有公众的公共效益。

各类市政管线纳入综合管廊后能够实行合理的布置，不仅节省了城市对市政管线的用地面积，而且对城市地下空间的开发与利用起到良好的促进作用。同时对提升城市新区的生活品质，扩大综合管廊周边地块经济价值产生巨大效益。

综合管廊的社会效益主要包括：扩大城市发展空间，改善城市环境，提升城市形象；科学开发城市地下空间资源，提高城市地下空间利用率；节省城市市政管线维修时间，提升市政管线综合管理水平；节省高压电线用电面积，消除高压线安全隐患；降低社会大众出行成本，提升社会工作效率和社会大众生活品质；促进综合管廊建设区域周围的土地升值；提升城市市政管线整体防灾能力，增强城市功能等。

综合管廊相对于传统直埋管线方式节省的成本主要有：节省各种管线反复挖掘产生的施工成本；降低管线更新维护的成本；节省道路反复开挖产生的成本；延长市政管线的使用年限，节省管线更换成本；节省管线埋设造成的社会大众出行成本；防止因挖掘市政管线而造成意外事故。

经济评价是从资源合理配置的角度分析费用与效益，分析对社会做出的贡献，评价项目的经济合理性。效益和费用的识别与估算遵循有无对比的原则，对设计的所有成员及群体的费用和效益做全面分析，合理确定空间范围和时间跨度。

3. 管廊项目评价分析

综合管廊费用包括内部费用和外部费用，内部费用由综合管廊的建设费用、综合管廊运维费用、入廊管线维护费用组成；外部费用由对道路质量的影响费用、对交通冲击的影响费用、能源消耗费用、环境影响费用四部分组成。

综合管廊在已有道路下建设，进行道路开挖和修复，但道路修复区由于受力模式发生变化、沟槽回填土路基产生过的塑性变形和沿接触面的滑动剪切破坏等原因，会过早出现沉降、平行开裂、龟裂、坑洞及突起等损害，加剧了道路的折旧，降低了使用寿命，即为对道路质量的影响费用。在建设综合管廊时，进行开挖道路，造成交通拥堵，表现在客车、货车时间的延误，进而造成燃油消耗上升。在道路挖掘后，产生道路拥堵，车辆的行驶时间增加，车辆燃油也在消耗，产生对交通冲击的影响费用和能源消耗费用。环境影响费用主要是综合管廊在建造过程中对周围环境造成的影响以及采取预防措施所产生的费用，主要有空气环境、噪声、废水等的污染。在建设单位的施工方案中，对污染控制作为主要项目需制定措施，特别是在新建道路下建设综合管廊，其对环境影响较小。

综合管廊收益包括内部收益和外部收益。内部效益由管线直埋费用和管线直埋维护费用组成。按照计划入廊管线在不进入管廊情况下的初次敷设费用、综合管廊本体结构设计寿命100年内重复单独直埋敷设费用进行测算。直埋管线的维护费用主要是管线的监测、巡检等管理费用和管线的检测、损坏修复、管件更换、管道疏通等费用。

外部效益由土地价值、管线寿命价值、管线泄漏价值、对道路质量影响价值、对交通冲击影响价值、能源消耗价值、对环境影响的价值及自然灾害影响价值组成。

综合管廊同时容纳多种管线，避免了传统直埋敷设方法因管线分散布置、各自为政划定安全保护区而大量占用土地的状况，管廊的建设可以在保证居民生活安全的情况下，达到土地集约利用的目的。综合管廊结构具有较好的坚固性，提高了城市防灾和抗灾能力，发生地质灾害时，其抵御冲击荷载能力显著增强；管线入廊后，能有效地减少施工、外力破坏失误等原因而导致的管线破坏等事故的发生，减少了管线维护几率；同时，管线入廊后，因管线不直接与土壤、地下水等酸碱物质接触，减少了管线维修和更换次数，延长管线使用寿命。同时避免了因管线破损而导致相关管线输送介质水、热、气等的漏损，节省了各管线单位自身的生产经营成本。

直埋形式的管线出现各种问题需要日常维护而进行道路开挖和修复，建设综合管廊后可避免此类情况发生，保证道路质量价值。交通冲击价值指管线直埋对交通的冲击费用，包括直埋管线事故而进行的道路开挖、修复造成的交通拥堵和车辆燃油等方面费用的增加。因处理直埋管线事故进行的道路挖掘修复导致交通堵塞，车辆燃油增加，进而导致污染物排放增加，是直埋管线对环境的主要影响。

自然灾害中地震、台风、低温雨雪冰冻、洪涝、雷击等主要灾害对管线、电网造成损害。自然灾害需根据各类灾害时空分布特点、发生概率、发生程度对各类管线损失进行统计分析，以预测综合管廊寿命期内发生的概率，计算管线入廊前自然灾害对管线和电网影响的价值。自然灾害发生后，除了对管线和电网的修复费用进行计算外，还需对漏水损失和电力产值进行计算，此为自然灾害对管线入廊前的影响费用。

选取北京临空经济区某综合管廊作为典型项目，对建设综合管廊与管线直埋两种建设方式在全生命周期所产生的效益和需要的费用进行识别、对比，计算效费比。当效费比大于1时，综合管廊建设可行。

该综合管廊规划为干线综合管廊，长度约为2.9km，所在道路为新建道路。综合管廊计划投资24962万元。按照不同土地价格和不同直埋管线寿命20年或30年计算，该综合管廊效费比不同，按照不同参数计算的该综合管廊建设经济分析评价均相对合理。

（1）按照综合管廊100年寿命期进行各费用和效益计算效费比。给水（再生水）管线20年寿命、土地价格2.25万元/m²（约1500万元/亩）（表13.3-1）。

（2）按照综合管廊100年寿命期进行各费用和效益计算效费比。给水（再生水）管线30年寿命、土地价格1.28万元/m²（约850万元/亩）（表13.3-2）。

（3）按照综合管廊100年寿命期进行各费用和效益计算效费比。给水（再生水）管线30年寿命、土地价格0.285万元/m²（约190万元/亩）（表13.3-3）。

表 13.3-1　综合管廊效费比计算结果表 （一）

名称	直接费用 ①=⑥+⑦+⑧+⑨				间接费用 ②=⑩+⑪+⑫+⑬				直接效益 ③=⑭+⑮+⑯			间接效益 ④=⑰+⑱+⑲+⑳+㉑+㉒+㉓							效费比 ⑤=(③+④)/(①+②)
	综合管廊的建设费用⑥	综合管廊运维费用⑦	管线入廊维护费用⑧	管线运营费用⑨	对道路质量影响费用⑩	对交通冲击影响费用⑪	对能源影响费用⑫	对环境影响费用⑬	管线直埋费用⑭	管线直埋维护费用⑮	管线运营费用⑯	节约土地价值⑰	延长管线寿命（节约管材）价值⑱	减少管线泄漏价值⑲	对道路质量影响费用⑳	对交通冲击影响费用㉑	对能源影响费用㉒	对环境影响费用㉓	
管线入廊	24962	29049	17203	4472	0	0	0	0	19256	34407	9545	60552	1632	3920	599	4432	354	1487	1.8
管线直埋																			

表 13.3-2　综合管廊效费比计算结果表 （二）

名称	直接费用 ①=⑥+⑦+⑧+⑨				间接费用 ②=⑩+⑪+⑫+⑬				直接效益 ③=⑭+⑮+⑯			间接效益 ④=⑰+⑱+⑲+⑳+㉑+㉒+㉓							效费比 ⑤=(③+④)/(①+②)
	综合管廊的建设费用⑥	综合管廊运维费用⑦	管线入廊维护费用⑧	管线运营费用⑨	对道路质量影响费用⑩	对交通冲击影响费用⑪	对能源影响费用⑫	对环境影响费用⑬	管线直埋费用⑭	管线直埋维护费用⑮	管线运营费用⑯	节约土地价值⑰	延长管线寿命（节约管材）价值⑱	减少管线泄漏价值⑲	对道路质量影响费用⑳	对交通冲击影响费用㉑	对能源影响费用㉒	对环境影响费用㉓	
管线入廊	24962	29049	17112	4472	0	0	0	0	17464	34224	9545	34313	766	3920	599	4432	354	1487	1.42
管线直埋																			

表 13.3-3　综合管廊效费比计算结果表（三）

名称	直接费用 ①=⑥+⑦+⑧+⑨				间接费用 ②=⑩+⑪+⑫+⑬				直接效益 ③=⑭+⑮+⑯			间接效益 ④=⑰+⑱+⑲+⑳+㉑+㉒+㉓							效费比 ⑤=（③+④）/（①+②）
	综合管廊的建设费用⑥	综合管廊运维费用⑦	管线入廊维护费用⑧	管线运营费用⑨	对道路质量影响费用⑩	对交通冲击影响费用⑪	对能源影响费用⑫	对环境影响费用⑬	管线直埋费用⑭	管线直埋维护费用⑮	管线运营费用⑯	节约土地价值⑰	延长管线寿命（节约管材）价值⑱	减少管线泄漏价值⑲	对道路质量影响费用⑳	对交通冲击影响费用㉑	对能源影响费用㉒	对环境影响费用㉓	
管线入廊	24962	29049	17112	4472	0	0	0	0											1.06
管线直埋									17464	34224	9545	7670	766	3920	599	4432	354	1487	

13.4　综合管廊指标评价体系

我国综合管廊目前尚没有一套完整的评价指标体系，本报告在整理了大量综合管廊案例和采访多个综合管廊规划、设计及建设单位的基础上，总结出一套综合管廊评价体系，包含19个指标。

（1）管廊断面利用率：表示管廊断面的集约性，即管廊断面中是否有无用的面积。管廊断面利用率=［1-（无法利用面积/断面面积）］×100%。无法利用面积为扣除管线检修及人员通行空间的面积后的剩余面积。

根据以上公式，以北京临空经济区某综合管廊断面为例，如图13.4-1所示，阴影面积即为无法利用面积，据此计算出综合舱（左侧舱室）断面利用率为91.9%，电舱（右侧舱室）断面利用率为89.59%，整个断面的平均断面利用率为90.93%。

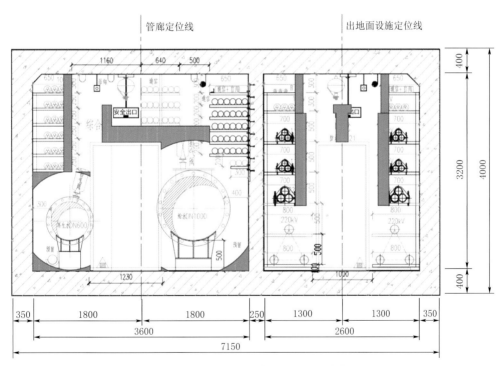

图 13.4-1　北京临空经济区某综合管廊断面

（2）节点负荷率：反映节点的集中集约化程度。计算方法：设计节点数/单一功能节点数。

（3）标准段占比：反映节点的集中集约化程度。计算方法：标准段长度/管廊总长度。

（4）单位长度出地面设施面积（体积）：出地面设施对道路空间品质的影响。计算方法：出地面设施面积（体积）/管廊总长度。

（5）廊路长度比：反映管廊线位合理性，即管廊直不直。计算方法：管廊实际长度/道路桩号长度。

（6）分支率：衡量支管廊工程量的多少，反映管廊与用户的连接关系。计算方法：支管廊长度/主管廊长度。

（7）支架装配率：反映工程装配率，支架安装快，可替换程度高。计算方法：标准断面中装配式支吊架的数量/所有支吊架的数量。

（8）单公里行车道井盖数量：反映管廊项目井盖对道路行车道品质的影响。计算方法：行车道井盖数量/管廊公里数。

（9）含钢量（含钢率）：反映结构的优化程度。计算方法：1 延米管廊含钢量（kg）/管廊标准横断面混凝土面积（m^2）。

（10）单位长度混凝土用量：反映结构的优化程度。计算方法：1 延米管廊标准段的混凝土用量（m^3）。

（11）外轮廓面积平米含钢量：反映断面集约化程度。计算方法：1 延米管廊含钢量（kg）/管廊标准横断面总面积（m^2）。

（12）外轮廓面积平米混凝土量：反映断面集约化程度。计算方法：1 延米管廊混凝土量（m^3）/管廊标准横断面总面积（m^2）。

（13）预制装配化程度：装配长度/总长度。

（14）支护工程费/土方工程费/结构工程费：反映土建工程的复杂性和特殊性。

（15）单公里排水泵数量：反映管廊纵坡设置合理性和排水设计的集约性。计算方法：排水泵总数量/管廊总里程。

（16）照明功率密度：反映管廊节能性。计算方法：照明总功率/管廊底板面积。

（17）功率密度：反映管廊节能性。计算方法：设备总功率/管廊底板面积。

（18）通风区间标准长度：反映通风优化程度及风亭对市容的影响，一般有200m、400m、600m、800m等。

（19）视频监控覆盖率：反映廊内可视化程度。计算方法：监控设备可监控到区域/廊内总区域。

第四篇

学习与借鉴

14　各国综合管廊现状

综合管廊于19世纪发源于欧洲，最早是在圆形排水管道内装设自来水、通信等管道。法国巴黎于1832年霍乱大流行后，隔年市区内兴建庞大下水道系统，同时兴建综合管廊系统，综合管廊内设有自来水管、通信管道、压缩空气管道、交通信号电缆等。1852—1878年，巴黎建成的排水廊道从152km发展到600km，遍布市内的每条街道，经历代扩建已形成2374km的排水管廊系统。在巴黎，管廊建设历史悠久；但另一方面，由于一些管廊修建年代久远，经长时间腐蚀、沉降等受损，需要对其进行修补。近年来，巴黎拟推进电磁感应技术应用，便于定位地下管路以提高管道的修补效率。

英国伦敦于1861年即开始修建综合管廊，其容纳的管线除燃气管、自来水管及污水管外，尚设有通往用户的管线，包括电力及通信缆线。目前，伦敦建成了22条以上的综合管廊，管廊建设费用由市政府全部出资，所有权归市政府，建设完成后再出租给管线单位使用，回收资金。

德国早在1890年即开始兴建综合管廊，根据《城市建设法典》等有关法规，统筹地下管道系统的规划、建设、运维与安全监管等相关事务。1995年通过的《室外排水沟和排水管道》对雨污水的排放标准、应具备的基本设置规范等方面作了详细规定。2014年，德国建筑研究所在报告中指出，由于造价过高，很多有意愿建造综合管廊的地方政府负担不起其造价，导致管廊普及率偏低。目前，德国的综合管廊总长度已超过400km。

自1953年以来，西班牙首都马德里市兴建了大量的综合管廊，由于综合管廊的建造，使城市道路路面被挖掘的次数明显减少，坍塌及交通干扰现象基本被消除，同时有综合管廊的道路使用寿命比一般道路路面使用寿命要长，从综合技术及经济方面来看，效益明显。

俄罗斯莫斯科地下有130km的综合管廊，除煤气管外，各种管线均有。其特点是大部分的综合管廊为预制拼装结构，分为单室及双室两种。如图14.0-1所示。

日本最早于1926年开始了千代田综合管廊的建设，1958年在东京陆续修建综合管廊，并于1963年颁布了《综合管廊实施法》，1973年大阪也开始建造综合管廊，至今已经完成约10km。其他城市如仙台、横滨、名古屋等也在兴建综合管廊。同时，在1991年成立了专门的综合管廊管理部门，负责推动综合管廊的建设工作。随着人们对综合管廊的重视及综合管廊的综合效益的发挥，目前，日本在东京、大阪、名古屋、横滨、福冈等近80个城市已经修建了总长度达 2057km 的地下综合管廊，为日本城市的现代化科学化建设发展发挥了重要作用。

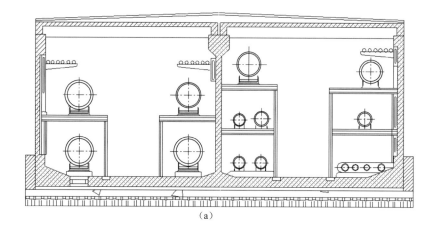

(a)

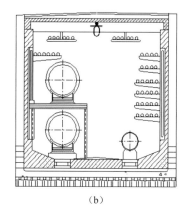

(b)

图 14.0-1　莫斯科综合管廊断面示意图

北美的美国和加拿大虽然国土辽阔，但因城市高度集中，城市公共空间用地矛盾仍十分尖锐。美国纽约市的大型供水系统，完全布置在地下岩层的综合管廊中。加拿大的多伦多和蒙特利尔市，也有很发达的地下综合管廊系统。

新加坡滨海湾地下综合管廊自 2004 年投入运维至今，全程由新加坡 CPG 集团 FM 团队（以下简称"CPG FM"）提供服务。CPG FM 编写了亚洲第一份保安严密及在有人操作的管廊内安全施工的标准作业流程手册。

国内外综合管廊运维情况统计见表 14.0-1。世界各国及城市管廊建设时间见图 14.0-2。

表 14.0-1　国内外综合管廊运维情况统计

序号	国家名称	建设情况	运营情况
1	法国	截至目前已建成 2374km 综合管廊	（1）将有关机构整合，以便增强不同机构之间的协调关系，以实施更有效的政府监管活动； （2）建立观察机构，负责管理信息的传递以及宣传活动等
2	德国	全国建成 400km 综合管廊	（1）成立了由城市规划专家、政府官员、执法人员及市民等组成的"公共工程部"，统一负责地下管线的规划、建设、管理； （2）多家企业参股的市场化方式共同经营； （3）通过非政府的行业性组织实施管道运行管理，有效运用各种政策杠杆，从而推动全社会实现公共利益
3	日本	全国建成 2057km 综合管廊	（1）通过立法明确了国会、政府和社会三方的责任； （2）日本国会和政府全面参与地下空间的开发利用管理，由政府相关部门全面负责，同时借助专家委员会力量咨询，专业性高、分工明确、决策透明。形成国会、政府和社会专家三方共同参与地下空间开发利用的管理体制
4	新加坡	滨海湾商务区建成综合管廊总长 20km	（1）编写亚洲第一份保护严密及在有人操作的管廊内安全施工的标准作业流程手册（SOP）； （2）建立起亚洲第一支综合管廊项目管理、运营、安保、维护全生命周期的执行团队

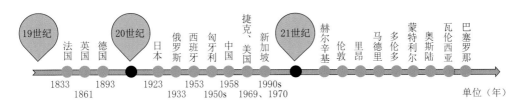

图 14.0-2　世界各国及城市管廊建设时间示意图

15　国外综合管廊案例

法国贝桑松综合管廊，如图 15.0-1 所示，入廊管线：电力电缆、通信、给水、污水、热力、广电。

日本比谷综合管廊建成于 2005 年，如图 15.0-2 所示，入廊管线：电力电缆、通信、给水（DN600）、污水（DN2200）。

日本新杉田综合管廊建成于 2009 年，如图 15.0-3 所示，入廊管线：电力电缆、通信、给水（DN1100）、污水（DN400×2）。

捷克布拉格综合管廊，如图 15.0-4 所示，入廊管线：电力电缆（输电 110kV、配电 22kV）、通信、给水管、污水回收再利用管、排污管、燃气管。

捷克俄斯特拉发综合管廊，如图 15.0-5 所示，热力管线与低压电力电缆同舱敷设。

芬兰赫尔辛基综合管廊，如图 15.0-6 所示，断面 1 纳入了区域供热管道 2×DN700、区域冷却管 2×DN800、给水管 DN1000、电力电缆 110kV、通信线缆。断面 2 纳入了供热管道 2×DN1000、水管（2×DN1000+DN800）、电力电缆和通信。

美国华盛顿大学综合管廊，如图 15.0-7 所示，纳入了蒸汽管道、压缩空气管道、电力电缆、通信线缆。

以色列海法综合管廊，如图 15.0-8 所示，入廊管线：电力电缆、通信、给水、污水、雨水、交通灯控制电缆。

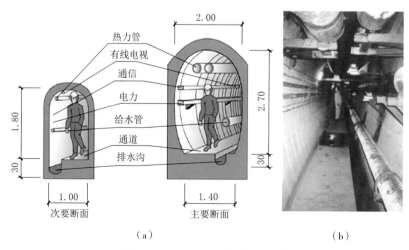

（a）　　　　　　　　　　　　　　（b）

图 15.0-1　法国贝桑松综合管廊

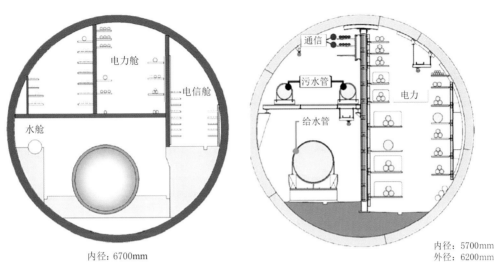

内径：6700mm

图 15.0-2　日本比谷综合管廊

内径：5700mm
外径：6200mm

图 15.0-3　日本新杉田综合管廊

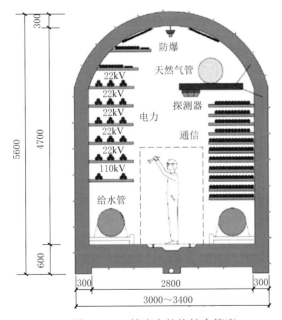

图 15.0-4　捷克布拉格综合管廊

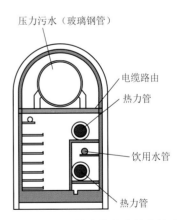

图 15.0-5　捷克俄斯特拉发综合管廊

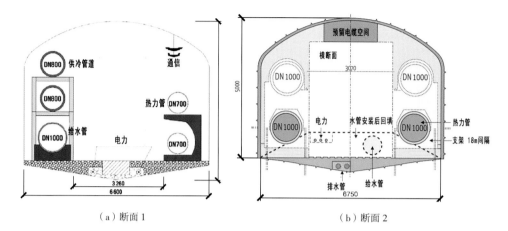

（a）断面 1　　　　　　　　　　　（b）断面 2

图 15.0-6　芬兰赫尔辛基综合管廊

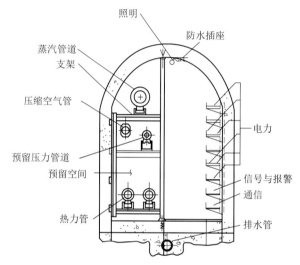

图 15.0-7　美国华盛顿大学综合管廊

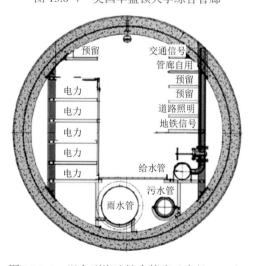

图 15.0-8　以色列海法综合管廊（直径 3.2m）

德国汉堡市综合管廊，如图15.0-9所示，纳入了电力、热力、通信、自来水及燃气管线。

德国莱茵河综合管廊建成于2013年，为单舱形式，如图15.0-10所示，纳入了2回110kV线路和2根街区热力管道。

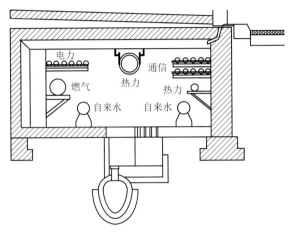

图 15.0-9　德国汉堡市综合管廊

图 15.0-10　德国莱茵河综合管廊

西班牙潘普洛纳市历史文化街区综合管廊，建于1996—2007年间，入廊管线：给水、污水、电力、通信和气力垃圾输送管道。如图15.0-11~图15.0-14所示。

图 15.0-11　西班牙潘普洛纳市历史文化街区综合管廊

图 15.0-12　潘普洛纳综合管廊现状

图 15.0-13　街区现状

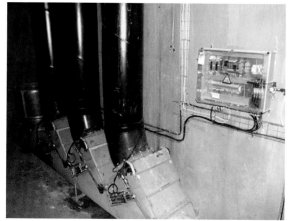

（a）　　　　　　　　　　　　　　　（b）

图 15.0-14　气力垃圾输送管道现状

16　日本缆线共同沟体系

日本是目前世界上共同沟建设先进的国家之一。从入廊管线性质看，一般可分为干线共同沟、公用事业管线共同沟和缆线共同沟三大类型。干线共同沟和公用事业管线共同沟一般设置在日本东京和大阪等大城市以及新开发区的主干道下方，主要为减少道路重复开挖以及开挖施工引起交通拥堵和防灾等方面的影响。缆线共同沟主要解决架空线对城市景观的影响，在日本全国范围内得到普及和推广应用（图16.0-1~图16.0-10）。

缆线共同沟主要解决架空线入地，以此达到推进城市通信网络建设、保护城市"生命线"、形成无障碍的步行空间和创造美丽城市的目的。日本推出了比传统型更紧凑的浅层埋设新一代缆线共同沟系统，主要特点如下：

（1）将低压电缆、通信电缆类集中在小型预制槽内，实现紧凑化。适用于宽度在2.5m以下的狭窄人行道和无人行道的车道下方。

（2）电力高压电缆收纳在树脂管内，布设在小型预制槽下方。

（3）通过使用共同FA管方式，将信息通信、广电的引入线缆集成到共同FA管内，并将信息通信、广电的干线线缆集成到Body管内，与传统的管道部分相比更加紧凑。

（4）由于预制槽类的电缆及共同FA管类的电缆的连接及分支作业均在路面上进行，由此实现了特殊节点的紧凑化、浅层化。

（5）通过将地面设备井内空高度变浅，减少埋设物的搬迁，并把变压器等安装到路灯柱上，确保人行道的有效空间。

（6）以往是为每个运营商提供预备管，现在在小型预制槽及Body管中设置通用预备管，由此减少管路条数。

（7）在横穿道路的管路，电力电缆以及通信电缆在同一处收纳连接时，使用传统型的特殊节点。

（8）由于结构紧凑化，适用于相对密度较低的地区和商店街的电线地下化。

在选定缆线共同沟地下化方式时，先与道路管理者、电线管理者等协商，调查地下化线路的状况，制作电力电缆、信息通信及广电电缆的布线规划图，确定设备构成等，在充分探讨的基础上，选定地下化方式。

日本新一代的缆线共同沟系统主要由一般部（标准段）和特殊部（节点）两部分组成，一般部主要分为预制槽型和共同FA管型，特殊部主要包括预制槽型、共用FA型和共通型。

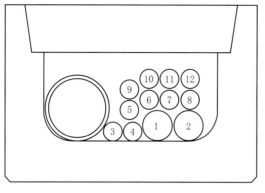

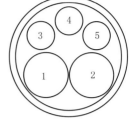

图 16.0-1　预制槽形式　　　　　图 16.0-2　公用 FA 管形式

电线共同沟的地下化方式 ➡ 1管1条方式（传统方式）
预制槽・共用FA方式（新一代方式）
①和②的混合方式

图 16.0-3　缆线共同沟布设方式

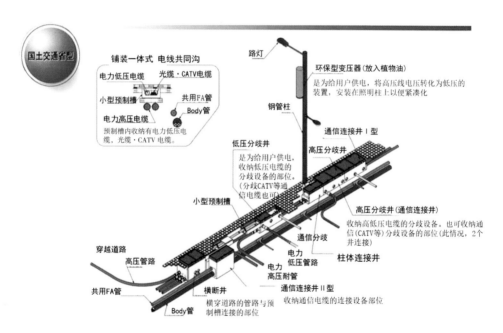

图 16.0-4　新一代缆线共同沟的系统示意图（一）

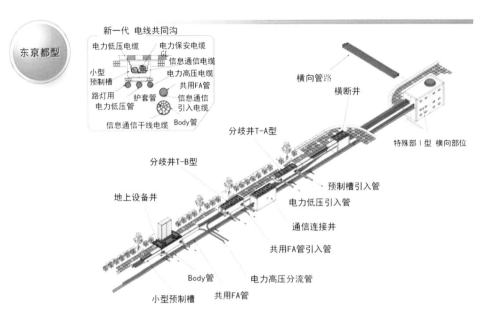

图 16.0-5　新一代缆线共同沟的系统示意图（二）

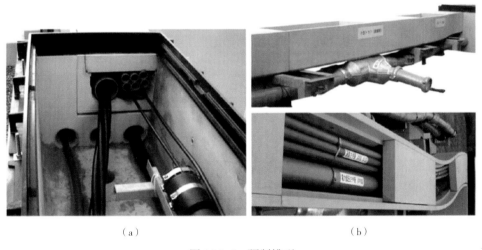

（a）　　　　　　　　　　　　　　　（b）

图 16.0-6　预制槽型

图 16.0-7　预制槽下管路

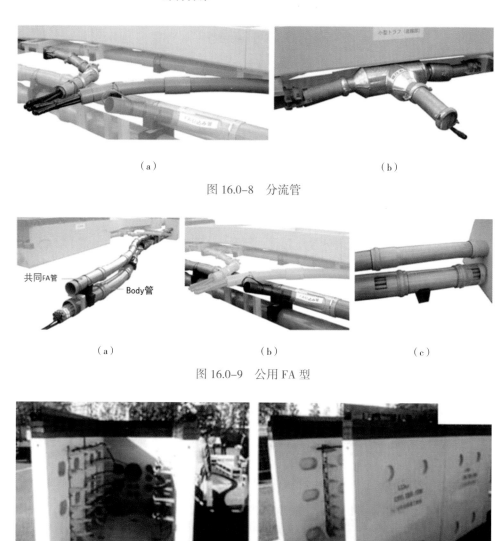

（a）   （b）

图 16.0-8   分流管

（a）   （b）   （c）

图 16.0-9   公用 FA 型

（a）   （b）

图 16.0-10   特殊部（节点）

参考文献

［1］中华人民共和国住房和城乡建设部.GB 50838—2015城市综合管廊工程技术规范［S］.北京：中国计划出版社，2015.

［2］中华人民共和国住房和城乡建设部.GB 55017—2021工程勘察通用规范［S］.北京：中国建筑工业出版社，2022.

［3］中华人民共和国住房和城乡建设部.GB 50021—2001岩土工程勘察规范（2009版）［S］.北京：中国建筑工业出版社，2009.

［4］王坚，许荣霞，陈媛.工程管理现状及发展趋势［J］.中国科技博览，2018，16.

［5］王全胜，李洋等.综合管廊U形盾构机械化施工工法研究与应用［J］.隧道建设，2018，38，5.

［6］戚欣，张小龙，王婉.城市地下综合管廊智慧化施工管理应用研究［J］.技术与应用.

［7］赵珂珂.城市地下综合管廊投融资模式选择研究［D］.天津：天津工业大学，2020.

［8］许浩，李珊珊，张明婕，等.城市信息模型平台关键技术研究［J］.北京:自然资源信息化，2022，2：57-62.

［9］郭杰，朱玉明，李夏晶，等.基于数字孪生的城市地下综合管廊应用研究［J］.北京：计算机仿真，2022，4：119-123+209.

［10］马鑫.中国台湾地区综合管廊发展经验借鉴与探讨［J］.中国工程咨询，2021，7：98-102.

［11］国家发展改革委，中华人民共和国住房和城乡建设部.建设项目经济评价方法与参数（第三版）［M］.北京：中国计划出版社，2006.

［12］郭莹等.市政综合廊道费用—效益分析方法和实例研究［J］.地下空间与工程学报，2006，2（7）：1237-1239.

［13］Kwang Joon Park，Kyoung Yeol Yun. Development of optimal cross-section design methods for bored utility tunnels：case study of overseas typical cross-sections and design criteria［J］. Journal of Korean Tunnelling and Underground Space Association，2018，20（6）：1073-1090.